Das Kalt-Biegen von Rohren

Verfahren und Maschinen

Von

Dr.-Ing. Wolf-Dietrich Franz

L. &. C. Steinmüller G. m. b. H., Gummersbach/Rhld.

Mit 167 Abbildungen

Springer-Verlag Berlin Heidelberg GmbH

1961

Alle Rechte, insbesondere das der Übersetzung
in fremde Sprachen, vorbehalten
Ohne ausdrückliche Genehmigung des Verlages ist es auch nicht
gestattet, dieses Buch oder Teile daraus auf photomechanischem
Wege (Photokopie, Mikrokopie) zu vervielfältigen
© by Springer-Verlag Berlin Heidelberg 1961
Ursprünglich erschienen bei Springer-Verlag OHG., Berlin/Göttingen/Heidelberg 1961
Softcover reprint of the hardcover 1st edition 1961

ISBN 978-3-540-02659-4   ISBN 978-3-662-11427-8 (eBook)
DOI 10.1007/978-3-662-11427-8

Die Wiedergabe von Gebrauchsnamen, Handelsnamen, Warenbezeichnungen usw. in diesem
Buche berechtigt auch ohne besondere Kennzeichnung nicht zu der Annahme, daß solche
Namen im Sinne der Warenzeichen- und Markenschutz-Gesetzgebung als frei zu betrachten
wären und daher von jedermann benutzt werden dürften

Vorwort

Die Bedeutung des Rohrbiegens kommt heute der eines wichtigen Maschinenelementes gleich. Aus Kreisen der rohrverarbeitenden Industrie und von Rohrbiegemaschinenherstellern wurde daher wiederholt der Wunsch nach einer bisher fehlenden zusammenfassenden Betrachtung des Rohrbiegens geäußert. In diesem Zusammenhang regte Herr Prof. Dr.-Ing., Dr.-Ing. E. h. O. KIENZLE der Technischen Hochschule Hannover mich an, diesem Wunsche nachzukommen und Ergebnisse meiner Untersuchungen, ergänzt durch langjährige praktische Erfahrungen auf dem Gebiete des Rohrbiegens sowie der Konstruktion von Rohrkaltbiegemaschinen, in der vorliegenden Schrift zusammenzufassen. Es ist naturgemäß nicht möglich, in diesem Rahmen alle dabei auftretenden Probleme zu behandeln. Die Arbeit konzentriert sich daher auf die Betrachtung einiger grundlegender Probleme, an denen Wissenschaft und Praxis in gleichem Maße interessiert sind.

Für die wertvollen Hinweise und Ratschläge, die mir Herr Prof. KIENZLE hierbei gab, möchte ich ihm an dieser Stelle besonders danken. Für die freundliche Überlassung von Unterlagen zu dieser Niederschrift danke ich den betreffenden in- und ausländischen Firmen.

Siegburg, im Mai 1961

W.-D. Franz

Inhaltsverzeichnis

	Seite
0 Einführung	1
0.1 Abgrenzung der Aufgabe	3

1 Die Biegeverfahren 4
  1.1 Systematik der Biegeverfahren 4
  1.2 Die Umformmöglichkeiten 8
    1.21 Das querkraftfreie Biegen 8
    1.22 Biegeverfahren durch Moment und Querkraft 9
    1.23 Biegung durch Moment, Querkraft und überlagerte Spannung .. 10
  1.3 Allgemeine geometrische und spannungsmäßige Verhältnisse 11
    1.31 Begriffe am gebogenen Rohr 11
    1.32 Die Spannungsverhältnisse während des Biegens und die Rückfederung 12
    1.33 Spannungen im Rohrbogen bei Belastung durch Innendruck ... 14
    1.34 Eigenschaftsschwankungen 16

2 Vorgänge im Rohr beim Biegen 21
  2.1 Dehnungsverhältnisse 21
    2.11 Dehnung in Längsrichtung und Lage der ungelängten Schicht .. 23
    2.12 Die Dehnung in Umfangsrichtung 31
    2.13 Radiale Dehnung 31
    2.14 Schrägstellen der Querschnitte und ihre Verwölbung 31
  2.2 Querschnittsformen 34
    2.21 Folgen der Veränderung des Ausgangsquerschnittes 37
    2.22 Grenzen für die Unrundheit 39
  2.3 Verfestigungserscheinungen 40

3 Das Biegen mit Stützdorn 41
  3.1 Das Verfahren 41
  3.2 Versuchsplanung und -durchführung 43
  3.3 Einfluß der Dornformen und -stellung 45
  3.4 Ermittlung der kleinsten Biegehalbmesser 50
  3.5 Rückfederung 54
  3.6 Kräfte und Momente 56

4 Das dornlose Biegen 60
  4.1 Verfahren 61
  4.2 Versuchsplanung und -durchführung 62
  4.3 Verminderung der Unrundheit (Werkzeuge und Querschnittsformen) . 63

Inhaltsverzeichnis V

Seite

4.4 Ermittlung der kleinsten Biegehalbmesser 67
4.5 Kräfte und Momente 69

5 Rohrkaltbiegemaschinen 71
   5.1 Betrachtung nach den vier Grundpfeilern der Fertigungstechnik 71
   5.2 Maschinenbauarten 74
      5.21 Biegepressen 74
      5.22 Biegerollenverfahren...................................... 79
      5.23 Das Biegen mit Stützdorn................................. 79
      5.24 Dornloses Biegen.. 96
      5.25 Das BONN-Verfahren 96
      5.26 Herstellung von Anschweißbögen 97

6 Biegewerkzeuge und Sonderanwendungen 101

7 Aufbau von Rohrwerkstätten 113
   7.1 Zweckmäßige Abmessungen und Produktionsmöglichkeiten 113
   7.2 Fertigung von Rohrschlangen und Kleinrohren 114
   7.3 Beispiel für die Einrichtung einer Halle zur Fertigung von Rohrschlangen und Kleinrohren 120
   7.4 Fertigung von Kesselrohren 122
   7.5 Fertigung von Rohrleitungen 123
   7.6 Fertigungskontrolle 123

8 Zusammenfassung... 125

Schrifttum 127

Sachverzeichnis 130

Verzeichnis der Abkürzungen

	Bezeichnung	Dimension
r_i	lichter Rohrhalbmesser	mm
r_a	äußerer Rohrhalbmesser	mm
r_m	mittlerer Rohrhalbmesser	mm
s_0	Nennwanddicke (Ausgangs-)	mm
s	Wanddicke an einer beliebigen Stelle des Rohrquerschnittes	mm
s_a	Wanddicke an einer beliebigen Stelle der gestreckten Faser	mm
s_i	Wanddicke an einer beliebigen Stelle der gestauchten Faser	mm
R_{th}	theoretischer Biegehalbmesser	
R	Biegehalbmesser an einer beliebigen Stelle des Rohrquerschnittes	mm
R_u	Biegehalbmesser der ungelängten Schicht	mm
R_a	äußerer Biegehalbmesser	mm
R_i	innerer Biegehalbmesser	mm
l_0	Länge des ungebogenen Rohres (gleich der Länge der ungelängten Schicht nach dem Biegen)	mm
l	Länge nach dem Biegen	mm
α	Biegewinkel	°
β	Spitzenwinkel	°
ϱ	Rückfederungswinkel	°
D	Rohraußendurchmesser	mm
y	Abstand von der ungelängten Schicht	mm
$\pm\varepsilon$	$= (l - l_0)/l_0$ relative Dehnung	
$+\varepsilon$	$=$ Streckung (Zugdehnung)	
$-\varepsilon$	$=$ Stauchung (Druckdehnung)	
ε_a	äußere Randdehnung	
ε_i	innere Randdehnung	
u	bezogene Unrundheit	

0 Einführung

Das gebogene Rohr ist als Konstruktions- und Bauelement für die verschiedenartigsten Zwecke sowie als Mittel zur Fortleitung von Flüssigkeiten, Gasen und Dämpfen weit verbreitet. Diese Rohre unterscheiden sich durch die Art ihrer Herstellung und durch ihre Querschnittsform (Schlitzrohr, geschweißtes Rohr, nahtlos gezogenes Rohr, plattiertes Rohr usw. – Kreisquerschnitt, Vierkantrohr usw.) sowie durch die verwendeten Werkstoffe voneinander. Fast bei allen Anwendungsgebieten

Abb. 0/1. Biegen von Rohrschlangen (Fa. Banning A.-G., Hamm)

stoßen wir in irgendeiner Form auf das gebogene Rohr (Abb. 0/1–4). Das gilt für die Fahrzeugindustrie (Rahmen, Auspuffrohre, Fahrradlenker usw.) ebenso wie für den Flugzeugbau und den Schiffbau, aber auch für den Stahlleichtbau, den Kesselbau, für die chemische Industrie und den Apparatebau, für Haushaltgeräte (Absorberkühlschränke, Stahlmöbel usw.), um nur einige Gebiete zu nennen. Darüber hinaus erobert es sich heute noch weitere Anwendungsgebiete: wir denken z.B. an den Ersatz mancher Guß- oder Schmiedeformstücke durch gebogene Rohre.

Der Bereich der Biegehalbmesser geht von sehr großen (z.B. bei Rohrfernleitungen) über kleinere (wie bei Rohrpostanlagen usw.) zu den kleinsten überhaupt möglichen, bei denen beim 180°-Bogen Schenkel auf Schenkel zu liegen kommt (Biegehalbmesser gleich dem halben Rohraußendurchmesser).

Das gebogene Rohr hat damit in den letzten Jahrzehnten eine Bedeutung erlangt, die einem wichtigen Maschinenelement gleichkommt.

Abb. 0/2. Räumliches Biegen (Fa. Banning A.-G., Hamm)

Damit entsteht die Frage, ob die Herstellung von Rohrbögen schon ihre Bestform gefunden hat.

Obwohl das Rohrbiegen als Fertigungsverfahren weit verbreitet ist, beschäftigen sich nur sehr wenige Arbeiten mit seiner Theorie und Fer-

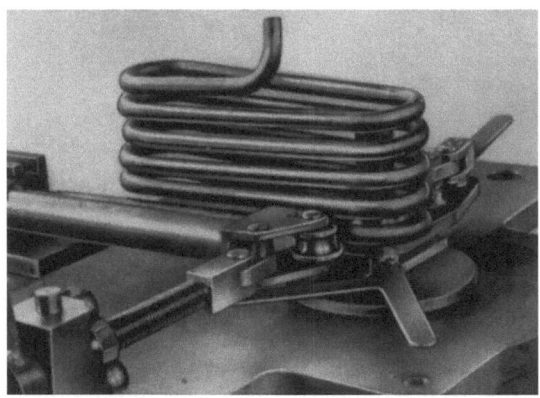

Abb. 0/3. Rohrschlangen für Absorber-Kühlschränke (Fa. Banning A.-G., Hamm)

tigungstechnik. Auch die Hersteller von Rohrbiegemaschinen gehen bei Neukonstruktionen im wesentlichen empirisch vor.

Diese Tatsachen haben den Verfasser, der sich seit Jahren mit der konstruktiven Verwendung von Rohren befaßt, angeregt, die Umformverfahren und Umformvorgänge zu untersuchen, die z. Z. beim Biegen von Rohren bestehen. Er geht von dem bisher üblichen Biegen über einen Stützdorn aus, und zwar bei Rohrgrößen, wie sie vor allem im Kessel- und Apparatebau vorkommen, und untersucht die Vorgänge im Rohr, die kleinsten mit diesem Verfahren erreichbaren Biegehalbmesser sowie

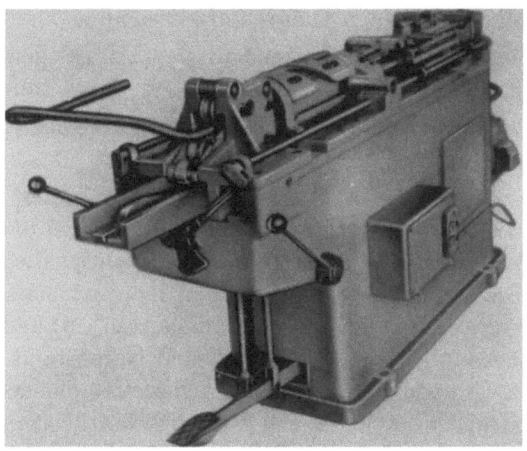

Abb. 0/4. Fahrradlenker (Fa. Banning A.-G., Hamm)

die sich dabei einstellenden Querschnittsformen (Abschn. 2 u. 3). Ferner werden die auftretenden Umformkräfte und deren Verlauf während des Biegevorganges untersucht. Daneben ist das dornlose Biegen bekannt, das vor allem auf Rohre mit Außendurchmessern unter 70 mm angewandt wird. Die bis jetzt üblichen Werkzeuge gestatteten aber weder, Biegehalbmesser unter etwa dem zweifachen Rohraußendurchmesser herzustellen, noch die Güteanforderungen vor allem der technischen Überwachungsbehörden zu erfüllen. Der Verfasser erstreckt daher seine Aufgabe auch auf dieses Verfahren, untersucht die Biegevorgänge und entwickelt die Werkzeuge (Abschn. 4). Ein Vergleich der beiden Verfahren beschließt die Arbeit.

0.1 Abgrenzung der Aufgabe

Das Biegen von Rohren schließt eine große Zahl wesentlich verschiedener Umformvorgänge in sich und erstreckt sich, wie wir sahen, auf mannigfaltige Umformmöglichkeiten. Wissenschaft und Praxis sind deswegen in gleichem Maße daran interessiert, allgemeingültige, d. h., nicht auf Einzelfälle beschränkte Antworten auf die offenen Fragen zu erhalten. Bei der Vielzahl der Probleme und der geringen Zahl der Veröffentlichungen kann es bei der vorliegenden Arbeit nur darauf ankommen, eine begrenzte Aufgabe beim Rohrbiegen zu lösen.

Als Fragen, die von besonderem Interesse sind, werden folgende behandelt:

1. Welche Vorgänge spielen sich beim Biegen im Rohr ab? Diese Fragestellung führt zu Untersuchungen über die Dehnungsverhältnisse und kleinstmöglichen Biegehalbmesser sowie über die beim Biegen im Rohrbogen sich einstellenden Querschnittsformen.

2. Wie beeinflußt man die Querschnittsform des Bogens im Hinblick auf optimale Eigenschaften bei Beanspruchung durch Innendruck?

3. Wie groß sind Kraft- und Arbeitsbedarf zum Biegen eines Rohres von gegebenem Querschnitt und Biegehalbmesser?

Die Beantwortung dieser Fragen bestimmt in erster Linie die Bemessung und die Auswahl von Maschinen, Werkzeugen und Vorrichtungen. Von der Vielzahl der bekannten Verfahren wurden die beiden hauptsächlichen Biegemethoden des Kessel- und Apparatebaues, das Biegen mit Stützdorn (Verfahren *2214* des Schemas Abb. 1/8) und das dornlose Biegen (Verfahren *2215*) ausgewählt und sind Gegenstand dieser Arbeit. Im Verlauf der Untersuchungen zeigte es sich, daß das dornlose Biegen vom Verfahren und vom Werkzeug her wirtschaftlicher ist. Daher soll die Arbeit zugleich dazu beitragen, der breiteren Anwendung dieses Verfahrens den Weg zu ebnen.

1 Die Biegeverfahren

1.1 Systematik der Biegeverfahren

Entsprechend der Vielseitigkeit der Anwendung des gebogenen Rohres als Konstruktionselement finden wir in geometrischer Hinsicht folgende Rohrbogen:

1. Biegungen in einer Ebene (Abb. 1/5),
2. Bögen in verschiedenen Ebenen, mit und ohne geradem Zwischenstück zwischen zwei Bögen (Abb. 1/6),
3. solche mit räumlich gekrümmter Rohrachse (Abb. 1/7).

Zu ihrer Herstellung sind zahlreiche Biegeverfahren entwickelt worden. Für sie hat der Verfasser in Abb. 1/8 eine Verfahrensordnung aufgestellt. Als Ordnungsgesichtspunkt wurde ein äußeres Merkmal gewählt, nämlich die Art des äußeren Kraftangriffes während des Biegevorganges. Danach sind zu unterscheiden:

1. Biegen mittels eines reinen Momentes (querkraftfrei),
2. Biegen durch Moment und Querkraft,
3. Biegen durch Moment, Querkraft und überlagerte Spannung (Zug, Druck, Torsion oder Kombinationen derselben).

1.1 Systematik der Biegeverfahren

In kinematischer Hinsicht kann die Umformkraft – auf das Rohr bezogen – ruhen oder wandern. Wie Abb. 1/8 zeigt, erscheint es zweckmäßig, diesen Ordnungsgesichtspunkt erst in dritter Linie zu berücksichtigen und als zweiten Punkt die eben erwähnte Biegeform einzuführen. Die Umformkraft selbst greift in der Regel stetig an, doch wäre auch ein periodischer Kraftangriff denkbar. Bei Verfahren, wie z. B. bei der Herstellung von Faltenrohren oder beim Strecken des Außenteils des Bogens, kann man jedoch nicht von einem periodischen Kraftangriff sprechen. Sie sind nur als technische Wiederholung des Elementarvorganges

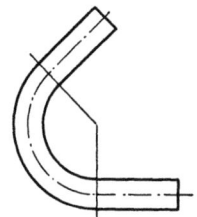

Abb. 1/5. Bogen in der Ebene

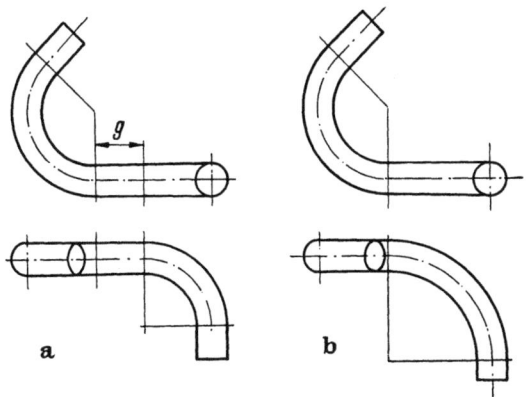

Abb. 1/6. a) Bogen in verschiedenen Ebenen mit geradem Stück g zwischen zwei Bögen; b) Bogen in verschiedenen Ebenen ohne gerades Stück zwischen den Bögen

anzusehen. – Im übrigen ist die Verfahrensordnung aufgestellt ohne Berücksichtigung dessen, ob die Umformung warm, kalt oder warm/kalt kombiniert stattfindet.

Man kann an Hand dieser Zusammenstellung Überlegungen anstellen, ob und wie weit man Erfahrungen mit einer der Biegearten sinngemäß auf eine andere übertragen kann. Auf die im Ordnungsschema angeführten Beispiele lassen sich alle dem Verfasser bekannten Abarten zurückführen. Bei den hier betrachteten Biegeverfahren legt man Wert auf Faltenfreiheit an der Innenseite

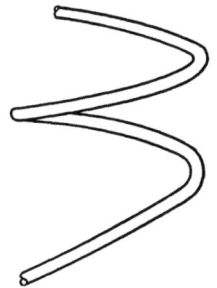

Abb. 1/7. Räumlicher Bogen

des Bogens. Für besondere Zwecke stellt man aber auch sogenannte Faltenrohre auf verschiedene Art her.

1 Kräfte	2 Biegeform 3 Kraftangriff	eben 1	räumlich 2
		Biegen von Rohren	
1 reines Moment M_b	1 ruhend	111 $M_b \quad M_b$	112
	2 wandernd	121	122
2 Moment u. Querkraft M_b ; P_q	1 ruhend	2111	2121 Raumkurven im Gesenk
		2112	2122
		2113	2123
		2114	2124
	2 wandernd	2210	2220
		2211	2221
		2212	2222
		2213	2223
		2214	2224
		2215	2225
		2216	2226
		2217	2227
		2218	2228
		2219	2229

⟶ Kraftrichtung
--→ Bewegungsrichtung
Der Ordnungsgesichtspunkt „ruhender bezw. wandernder Kraftangriff" bezieht sich auf das Werkstück.

Abb. 1/8 a. Verfahrensordnung

1.1 Systematik der Biegeverfahren

Biegen von Rohren				
3 Moment, Querkraft und Zug $M_b; P_q; P_l$	1 ruhend	311		312
	2 wandernd	3211		3221
		3212		3222
		3213		3223
4 Moment, Querkraft und Druck $M_b; P_q; (-P_l)$ (auch Innendruck) $(M_b; P_q, p)$	1 ruhend	411		412
	2 wandernd	4211		4221
		4212		4222
		4213		4223
5 Moment, Querkraft und Zug/Druck $M_b; P_q \pm P_l$	1 ruhend	511		512
	2 wandernd	5211		5221
		5212		5222
6 Moment, Querkraft und Torsion $M_b; P_q; M_d$	1 ruhend	611		612
	2 wandernd	621		622

Abb. 1/8 b. Verfahrensordnung

Die Entscheidung, welches Verfahren in einem bestimmten Falle angewandt werden soll oder kann, hängt außer von wirtschaftlichen Gesichtspunkten in erster Linie von den mechanischen Eigenschaften des zu verarbeitenden Werkstoffes, den Rohrabmessungen und den geforderten Biegehalbmessern ab. Auch der Konstrukteur muß sich über die verschiedenen Einsatzmöglichkeiten und Grenzen der Verfahren im klaren sein, damit er nicht Forderungen stellt, die wirtschaftlich nicht tragbar sind.

1.2 Die Umformmöglichkeiten

1.21 Das querkraftfreie Biegen

Wir betrachten nun das Ordnungsschema nach Abb. 1/8 in der Reihenfolge der Spalten laut Ordnungsgesichtspunkten. Feld *111* zeigt zunächst das *querkraftfreie Biegen* mittels reiner Momente. Auf dieses Verfahren als grundsätzliche Möglichkeit hat WOLTER [40] für massive Querschnitte hingewiesen: Es hat den Vorzug, daß sich unter dem gleichbleibenden Moment eine über die ganze Biegelänge gleichbleibende Krümmung ergibt, die nur von Einspannlänge und Biegewinkel abhängt und keiner besonderen Werkzeuge bedarf. Dazu kommt der Vorteil, daß sich die Berechnung, die hierbei wegen des gleichbleibenden Biegehalbmessers einfach wird, gut mit Versuchsergebnissen vergleichen läßt. Beim Rohr liegen die Verhältnisse aber nicht so einfach. Dem Verfasser sind bisher keine Fälle aus der Praxis bekannt geworden, wonach dieses Verfahren beim Biegen von Rohren angewandt worden wäre. Immerhin kommen die beiden in Amerika veröffentlichten Verfahren gemäß Patent Nr. 2.316.049 und 2.534.429 dem querkraftfreien Biegen nahe. Es wurden daher einige Stichversuche durchgeführt, um die Verwendungsmöglichkeit dieses Verfahrens zu klären. Dabei zeigte sich, daß die WOLTERschen Untersuchungen bei dickwandigen Rohren, d.i. bei Verhältnissen $s_0/D_0 > 0{,}15$, sich etwa sinngemäß übertragen lassen. Bei dünnwandigen Rohren läßt sich jedoch das Biegemoment nicht mehr gleichbleibend (Abb. 1/9) und gleichmäßig auf die ganze Einspannlänge übertragen. Es ergaben sich als Folge der Einleitung des Biegevorganges von den beiderseitigen Einspannungen her Bogenformen gemäß Abb. 1/10. Es scheint dem Ver-

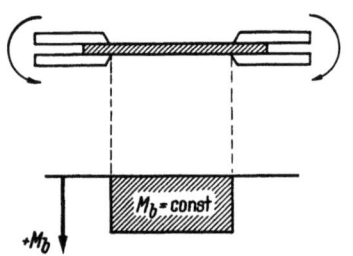

Abb. 1/9. Querkraftfreies Biegen durch reines Moment

Abb. 1/10. Dünnwandiges Rohr im WOLTER-Gerät gebogen

fasser zweckmäßig zu sein, die Verhältnisse beim querkraftfreien Biegen von Rohren genauer zu untersuchen. Diese Untersuchungen gehen jedoch über den Rahmen der vorliegenden Arbeit weit hinaus.

1.22 Biegeverfahren durch Moment und Querkraft

Die Gruppe der *Biegeverfahren durch Moment und Querkraft* zeigt eine große Mannigfaltigkeit, die wegen ihrer wirtschaftlichen Bedeutung ausführlich – auch in der jeweiligen kinematischen Umkehrung – dargestellt ist.

Beim *ruhenden Kraftangriff in der Ebene* haben wir folgende Möglichkeiten:

eine Einzelkraft P biegt ein bei *1* eingespanntes Rohr (Feld *2111*),

ein Stempel *1* drückt das Rohr gegen zwei Auflagen *2, 3* (Feld *2112*),

Biegen zwischen zwei Gesenkhälften *1, 2* vom geraden Rohr ausgehend (Feld *2113*) oder von einer Zwischenform ausgehend mit einem 3teiligen Werkzeug, das aus einem feststehenden Kernstück *1* und zwei von der Seite her schiebbaren oder einschwenkbaren Backen besteht (Feld *2114*).

Beim *wandernden Kraftangriff in der Ebene* sind die Möglichkeiten folgende:

eine oder mehrere umlaufende Rollen *1* drücken das Rohr direkt oder über eine Biegeschiene *3* um eine feststehende Biegeform *2* (Feld *2210* und *2211*). Dabei können durch entsprechende Formgebung der Werkzeuge zusätzliche Kräfte senkrecht zur Biegeachse ausgeübt werden, um eine bestimmte Querschnittsform im Rohrbogen zu erzielen (Feld *2215*), oder:

das Rohr wird zwischen drei sich drehenden Walzen hindurchgeschoben, deren Achsen parallel zur Biegeachse stehen (nur für große Biegeradien – Feld *2212*), oder:

eine Treibrolle *1* bewegt das Rohr gegen eine feststehende Biegerolle *2* (Feld *2213*), oder:

eine um eine Achse drehbare Biegeform *1*, die Kreisbogen oder beliebige Kurven in der Ebene enthalten kann, nimmt über eine Spannvorrichtung *2* das Rohr mit. Der freie Schenkel des Rohres wird an einer Rolle, Schiene *3* od. ä. lose geführt. Wird dabei das Rohr innen durch einen Dorn *4* gestützt, so entstehen durch Reibung verursachte zusätzliche Zugbeanspruchungen (Feld *2214* und *2216*), oder:

ein Ende des geraden Rohres wird mit einer Form *1* fest verbunden. Treibrollen *2* drücken dann das Rohr in diese Form (Feld *2217*), oder:

ein Rohrstück *1* wird durch einen Stempel *2* in ein entsprechend geformtes Gesenk *3* gedrückt (Feld *2218*), oder:

ein Rohr auf zwei Stützen *1* (fest oder senkrecht zur Rohrachse beweglich) wird durch einen Stempel *2* mit Exzenterantrieb *3* schrittweise gebogen und in axialer Richtung weitergeschoben (Feld *2219*).

Räumliches Biegen bei ruhendem Kraftangriff wird z.B. im Gesenk verwirklicht, während bei *wanderndem* Kraftangriff Raumkurven, z.B. durch mehrere gleichzeitige Biegevorgänge in verschiedenen Ebenen (Feld *2221*, analog Feld *2213*, jedoch mit je einer Biegerolle *2* in zwei verschiedenen Ebenen), durch überlagerte Drehbewegung des Werkstückes (Feld *2220*, analog *2213*) od. ä. erzwungen werden.

1.23 Biegung durch Moment, Querkraft und überlagerte Spannung

Die im vorstehenden aufgeführten Verfahren haben alle mehr oder weniger unerwünschte Nebenerscheinungen als Folge des Umformvorganges, z.B. ungleiche Wanddickenverteilung, Querschnittsverformung usw., die ihre Anwendungsmöglichkeiten eingrenzen (Herstellung kleiner Biegehalbmesser – Verwendung dünnwandiger Rohre – Festigkeitseigenschaften bei Beanspruchung durch Innendruck usw.). Um diesen unerwünschten Begleiterscheinungen entgegenzuarbeiten, überlagert man zu bestimmten Zwecken gleichmäßig oder ungleichmäßig verteilte Zusatz-Beanspruchungen wie Zug, Druck, Verdrehmomente oder deren Kombinationen.

Feld *3211* zeigt ein Beispiel für überlagerte Zugspannungen in Richtung der Rohrachse als Abart des Verfahrens nach Feld *2114*. Auch dem Verfahren nach Feld *2214* werden häufig Zugspannungen längs der Rohrachse hinzugefügt, indem man die Biegeschiene *3* voreilen läßt (Feld *3212*) – Einwirkung auf die Bogenaußenseite – oder auch die Biegeform *1* (Feld *3213*) – Einwirkung auf die Innenseite des Bogens –.

Unter den Verfahren mit überlagerter Druckspannung ist vor allem das nach Feld *4211* hervorzuheben: hier wird das Rohr während des Biegevorganges in Richtung der Rohrachse gestaucht (Reduzierung der Einspannlänge durch Zwangsführung in einer Kurve *1*, z.B. in einer Kreisevolvente). Auch das Verfahren nach Feld *411* wird viel verwendet, es bietet den Vorteil, daß außer einer Führung *1* und Einspannung *2* keinerlei Werkzeuge benötigt werden.

Die Abstützung des Rohrquerschnittes kann durch Sand, Stützdorne, Kolophonium, Zinnlegierungen (Cerrobend) od. ä. erfolgen, aber auch z.B. durch radial auf das Rohr wirkenden Innendruck p (Feld *4213*).

Die Herstellung kleiner Biegehalbmesser und eine gleichmäßige Wanddickenverteilung ermöglicht das Verfahren nach Feld *5211* („Hamburger Bogen"), bei dem das Rohr über einen Dorn *1* mit einseitig seitlichem Ansatz oder Vorsprung gedrückt wird (Biegen durch exzentrisches Aufweiten – zusätzliche Zug-Druck-Beanspruchung). Ein anderes Verfahren

(Feld *5212*) verwendet zum exzentrischen Aufweiten Walzen *1*, die das Rohr von innen auf einem Teil seines Umfanges strecken.

Schließlich sind noch die Verfahren mit überlagerter Verdrehbeanspruchung zu erwähnen, wie sie beim Wickeln von Spiralen usw. benutzt werden (Feld *622*).

1.3 Allgemeine geometrische und spannungsmäßige Verhältnisse

1.31 Begriffe am gebogenen Rohr

Das Wesen des ebenen Biegevorganges als eines der einfachsten Fertigungsverfahren kennzeichnet KIENZLE durch folgende Definition:

„Ebenes Biegen heißt das Umformen eines Gegenstandes derart, daß ein Teil seine Winkellage gegenüber dem übrigen Teil des Gegenstandes innerhalb einer Ebene ändert."

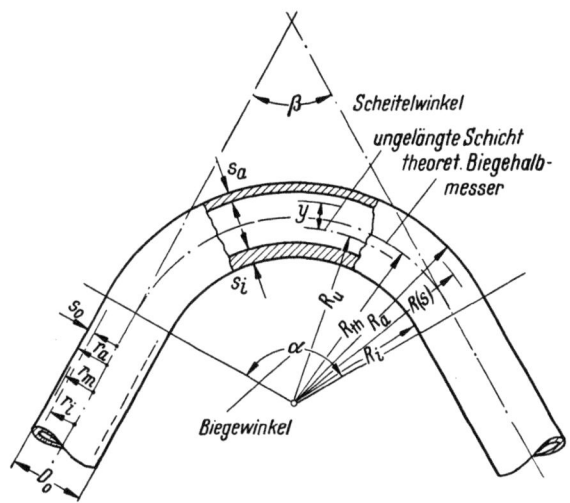

Abb. 1/11. Begriffe am gebogenen Rohr

Die Begriffe am gebogenen Rohr sind in Abb. 1/11 festgelegt, von denen vor allem die Kennzeichnung der verschiedenen Biegehalbmesser und Wanddicken sowie des Biege- und Scheitel-(Supplement-)winkels hervorzuheben sind. Ferner werden für das gebogene Rohr folgende Begriffe in Anlehnung an die Festlegungen für das gebogene Blech eingeführt:

Neutrale Faser: Schicht, die im Bereich elastischer Biegung weder Spannungen noch Längenänderungen unterworfen ist, also zugleich ungelängte Schicht und Nullschicht ist.

Ungelängte Schicht:	Schicht, die nach plastischer Biegung ihre ursprüngliche Länge beibehalten hat (diese Schicht ist nicht spannungsfrei).
Spannungsfreie Schicht:	in ihr sind nach plastischer Biegung die Längsspannungen gleich Null (diese Schicht ist Längenänderungen unterworfen).
Gesamtdehnung:	Summe der Dehnungen, die eine bestimmte Schicht des Rohres während des Biegens erfährt. (Die Gesamtdehnung ist in der ungelängten Schicht gleich Null).
Wirksame Dehnung:	die für den Spannungszustand maßgebliche, gleichsinnige Dehnung einer Schicht. (Die wirksame Dehnung ist in der spannungsfreien Schicht gleich Null.)
Fließkurve:	Kurve für die wahre, auf den jeweiligen Querschnitt bezogene Spannung in Abhängigkeit von der logarithmischen Formänderung.

1.32 Die Spannungsverhältnisse während des Biegens und die Rückfederung

Die im Bereich elastischer Biegung sich ergebende Spannungsverteilung nach Abb. 1/12 ist bekannt. Zwischen der Zugzone außen und der Druckzone innen liegt die neutrale Faser, die weder Spannungen noch Längenänderungen unterworfen ist. Im Bereich bildsamen Biegens ändern sich diese Verhältnisse jedoch völlig, da die Spannung hier nicht mehr den Dehnungen proportional verläuft, sondern etwa nach Abb. 1/13. Auch der Begriff der neutralen Faser ist hier nicht mehr haltbar, sondern man muß jetzt zwischen einer ungelängten Faser und einer spannungsfreien Faser unterscheiden, auf die im Abschn. 2.22 noch näher eingegangen wird.

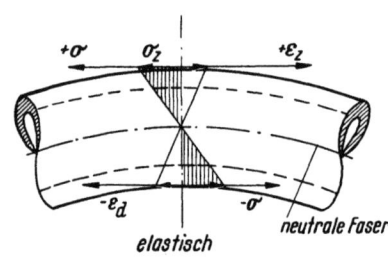

Abb. 1/12. Spannungsverteilung (elastisch)

Die Spannungsverhältnisse können auch auf Ersatzquerschnitte nach Abb. 1/14 für nichtdeformierte Rohrbogenquerschnitte bzw. nach Abb. 1/15 für deformierte Querschnitte zurückgeführt werden. Ein solcher Ersatzquerschnitt nach Abb. 1/14 ist hinsichtlich der Berechnung des erforderlichen Biegemomentes von Bedeutung, da er die Verhältnisse am Rohr mit denen des Hochkantbiegens von Profilen vergleichbar macht. Das Hochkantbiegen wurde von LIPPMANN [45] untersucht. Die

1.3 Allgemeine geometrische und spannungsmäßige Verhältnisse 13

Ergebnisse aus dieser bisher nicht veröffentlichten Arbeit könnten damit auch auf das Rohr sinngemäß angewendet werden, wenn man den Vorgang beim Biegen des Rohres in erster Annäherung als Hochkantbiegen eines Profiles unter Vernachlässigung der seitlichen Zipfel ansieht bzw. auch die Zipfel in der in Abb. 1/15 angedeuteten Weise durch ein Profil ersetzt. Eine solche Näherungsrechnung, die sich auf einem Ersatzquerschnitt nach Abb. 1/14 (kreisförmiger Rohrbogenquerschnitt) aufbaut, würde zu große Werte bzw. die obere Grenze ergeben, da das erforderliche Biegemoment mit zunehmender Verformung des Querschnittes kleiner wird.

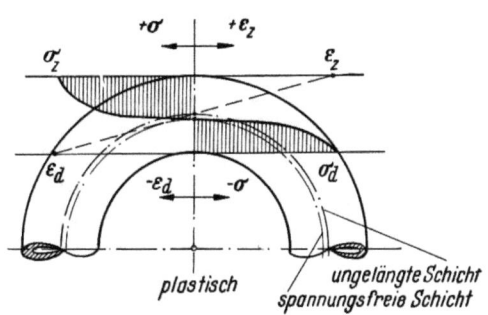

Abb. 1/13. Spannungsverteilung (plastisch)

Solange das Rohr im Biegewerkzeug eingespannt ist, gilt die Spannungsverteilung nach Abb. 1/13. Da aber jede bildsam verformte Faser

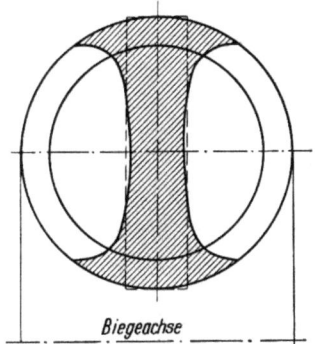

Abb. 1/14. Ersatzquerschnitt für einen Kreisquerschnitt

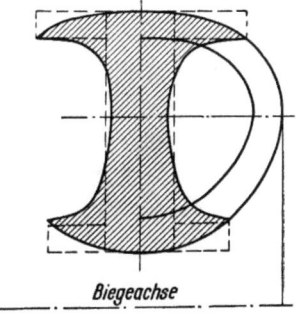

Abb. 1/15. Ersatzquerschnitt für einen deformierten Rohrbogenquerschnitt

zurückfedert, gleichen sich die außen und innen entgegengesetzt wirkenden Federkräfte so lange aus, bis das innere Gleichgewicht hergestellt ist: das Rohr federt zurück, aber es bleiben – nach den Erkenntnissen über das Biegen von Blechen zu urteilen – nicht unerhebliche Restspannungen (Abb. 1/16 nur qualitativ), die an der Außenseite des Bogens Druck-, an der Innenseite Zugspannungen verursachen. SCHWARK [41] und SACHS [42] haben die Rückfederung an bildsam verformten Blechen untersucht und als Maß für die Rückfederung das Rückfederungsverhältnis K als Verhältnis des Biegewinkels nach der Rückfederung zum Biegewinkel vor der Rückfederung, d.h. dem Biegewinkel, den das Werkstück in der Einspannung nach beendeter Biegung hat, festgelegt (Abb. 1/17):

$$K = \frac{\alpha_2}{\alpha_1} \; (<1)$$

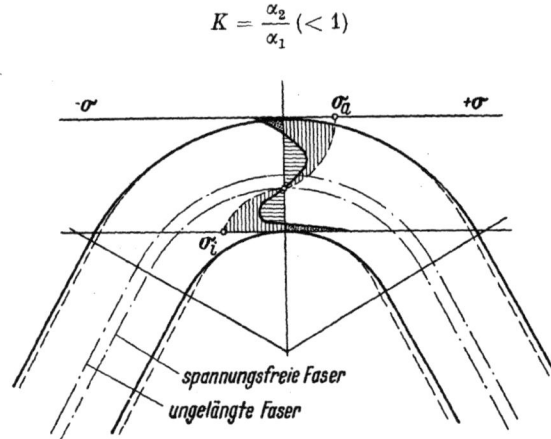

Abb. 1/16. Restspannung nach dem Biegen

Danach ergibt sich der Rückfederungswinkel zu:

$$\varrho = \alpha_1 - \alpha_2 = \left(\frac{1}{K} - 1\right) \cdot \alpha_2$$

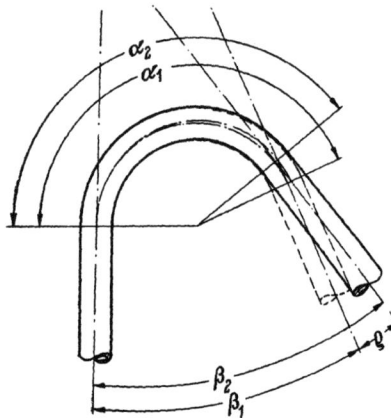

der bei der Werkzeuggestaltung und beim Biegen selbst zu berücksichtigen ist. Auf die Rückfederung wird im Abschn. 3.5 noch näher eingegangen.

Abb. 1/17. Rückfederung

Rückfederungsverhältnis

$$\varkappa = \frac{\alpha_2}{\alpha_1} = \frac{\text{Biegewinkel nach } R}{\text{Biegewinkel vor } R}$$

Rückfederungswinkel

$\varrho = \beta_2 - \beta_1 =$ Unterschied der Scheitelwinkel
$ = \alpha_1 - \alpha_2$

1.33 Spannungen im Rohrbogen bei Belastung durch Innendruck

Die durch einen Innendruck p hervorgerufenen mittleren Spannungen im Bogen, die sich nach der üblicherweise zugrunde gelegten Theorie

1.3 Allgemeine geometrische und spannungsmäßige Verhältnisse

dünner Schalen [*15*] ergeben, werden im folgenden den am geraden Rohr berechneten gegenübergestellt:

	Bogen	gerades Rohr
axial	$\sigma_a = \dfrac{p}{100} \cdot \dfrac{r_i}{2 \cdot s}$	$\sigma_a = \dfrac{p}{100} \cdot \dfrac{r_i}{2 \cdot s_0}$
radial	$\sigma_r = -\dfrac{1}{2} \cdot \dfrac{p}{100}$	$\sigma_r = -\dfrac{1}{2} \cdot \dfrac{p}{100}$
tangential	$\sigma_t = \dfrac{p}{100} \cdot \dfrac{r_i}{s} \cdot \dfrac{1}{2}\left(1 + \dfrac{R_{th}}{R}\right)$	$\sigma_t = \dfrac{p}{100} \cdot \dfrac{r_i}{s_0}$

Hierbei sind die Annahmen der einfachen Biegetheorie vorausgesetzt, von denen die wichtigsten kreisförmiger Querschnitt im Bogen, ebene Querschnitte bleiben eben (senkrecht zur Rohroberfläche und parallel zur Biegeachse) und keine Querdehnung sind. Axial- und Radialspannungen sind danach für Bogen und gerades Rohr gleich. Setzt man in die Gleichung für die Tangentialspannung im Bogen den Ausdruck

$$\frac{1}{2}\left(1 + \frac{R_{th}}{R}\right) = C$$

so ist

für die Außenfaser: $R > R_{th}$ und damit $C < 1$,

die Wanddicke kann also kleiner sein, da dieser Bogenteil weniger beansprucht wird,

für die ungelängte Schicht: $R = R_{th}$ und damit $C = 1$,

d.h. Bogen und gerades Rohr sind gleich hoch beansprucht,

für die Innenfaser: $R < R_{th}$ und damit $C > 1$.

Dieser Bogenteil ist also höher beansprucht. Da in der Regel jedoch die Wanddicke an der Innenseite des Bogens größer ist als die Nennwanddicke, so können hier auch größere Belastungen aufgenommen werden (Abb. 1/18) [*32*].

Die Theorie dünnwandiger Schalen (**Membrantheorie**) kann die Verhältnisse, die bei den in dieser Arbeit betrachteten Rohrabmessungen des Kessel- und Apparatebaues vorliegen, nur grob angenähert wiedergeben, vor allem, weil die Voraussetzung kreisförmiger Rohrquerschnitte meist nicht gegeben

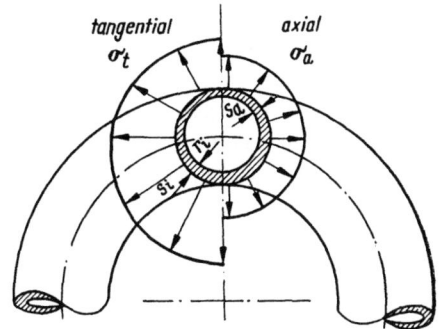

Abb. 1/18. Spannung bei Belastung durch Innendruck

ist. Stärkere Abweichungen von der Kreisform verursachen aber eine völlig andersartige Spannungsverteilung, auf die später näher eingegangen wird.

Über die Beanspruchung glatter Rohrbogen durch ein Biegemoment und/oder ein Verdrehmoment, z. B. durch Festpunktkräfte infolge Wärmedehnung einer Rohrleitung, haben SIEBEL und SCHWAIGERER [32] berichtet und den Einfluß der zusätzlichen Biegebeanspruchung auf einen unter Innendruck stehenden Rohrbogen besonders untersucht. Ferner wird auf die Versuche von WELLINGER und KEIL an Rohrbogen mit innerer und äußerer Wechsellast verwiesen [35] sowie auf die Betrachtung von LEHMANN [44].

1.34 Eigenschaftsschwankungen

Der Begriff der bezogenen Unrundheit (vgl. Abb. 1/19–21)

$$u = \frac{D_q - D_r}{D_0}$$

worin D_q den Rohrdurchmesser senkrecht zur Biegeebene,
D_r den Rohrdurchmesser in der Biegeebene,
D_0 den Nennaußendurchmesser des Rohres

bedeutet, spielt beim Biegen von Rohren eine große Rolle, besonders, wenn Rohrbogen durch Innendruck belastet werden. Man hatte sehr bald erkannt, daß die Unrundheit nach oben begrenzt werden muß, um die zusätzlichen Biegespannungen vornehmlich an der Innenseite des Bogens bei Innendruck zu begrenzen, da sie u. U. zu Spannungskorrosionsrissen führen können. Auf die Bedeutung der Abweichung des Rohrbogenquerschnittes von der theoretischen Kreisform auf die Spannungsverteilung im Bogen unter Innendruck wird im Abschn. 2.21 hingewiesen.

Die Richtlinien für die Herstellung von Dampfkesseln der VGB (Vereinigung der Großkessel-Besitzer) vom Jahre 1938 begrenzten die Unrundheit für Rohrschlangen auf 15%, entsprechend dem damaligen Stand der Fertigungsverfahren und der technischen Erkenntnisse. Abb. 1/19 zeigt einen solchen Querschnitt. Die Erkenntnis, daß solche Formen den steigenden Anforderungen des Kesselbaues nicht mehr genügten, veranlaßte die VGB, im Jahre 1950 die maximale Unrundheit von 15% auf 12% für Bögen in Rohrschlangen herabzusetzen. In der letzten Fassung der VGB-Richtlinien (1959) geht man noch einen Schritt weiter und schreibt für Kesselrohre und Rohrschlangen eine Unrundheit von

$$u = \frac{20 \cdot D_0}{R_{th}}$$

bis zu einem absoluten Maximum von 10% vor. Für Rohrleitungen wird die bisherige Grenze der zulässigen Unrundheit mit 5% beibehalten. Die

1.3 Allgemeine geometrische und spannungsmäßige Verhältnisse 17

VGB-Richtlinien weisen aber bereits darauf hin, daß beim Biegen von Rohren aus höher legierten Werkstoffen, die empfindlich gegen Verformungswechsel sind, wie z.B. 10 CrMo 910, die zulässigen Grenzen der Unrundheit durch Einsatz entsprechender Werkzeuge nicht in Anspruch genommen werden sollten.

Die Frage, welche geringste Unrundheit sich mit einem bestimmten Biegeverfahren erreichen läßt, hängt zu einem großen Teil von den Aus-

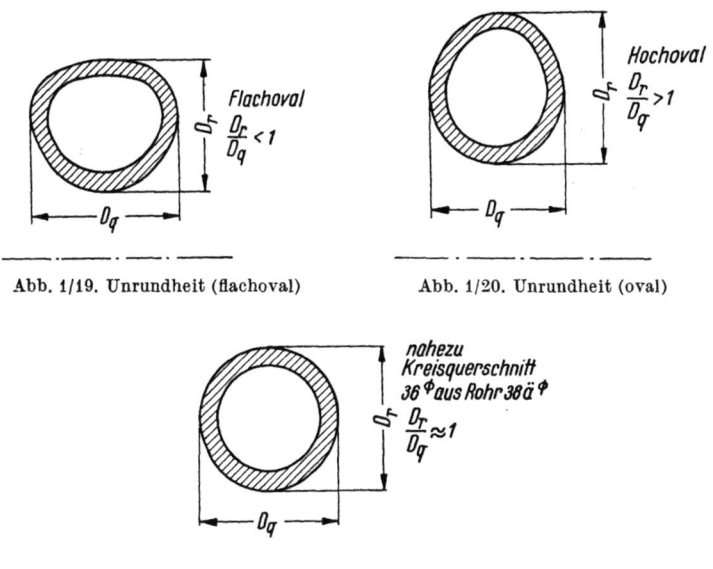

Abb. 1/19. Unrundheit (flachoval)   Abb. 1/20. Unrundheit (oval)

Abb. 1/21. Unrundheit (annähernder Kreisquerschnitt)

gangsbedingungen des Vorproduktes Rohr ab; daher muß der gesamte Fertigungsgang vom Gußblock bis zum Biegevorgang selbst betrachtet werden, wenn man etwas über die Eigenschaften des Endproduktes aussagen will. Die Eigenschaften und Gütevorschriften für nahtlos gezogene Rohre des Kessel-, Apparate- und Rohrleitungsbaues sind in DIN 17175, Blatt 1 und 2 (1959) niedergelegt. Bei einer Zusammenstellung der Einzeltoleranzen ist es leicht zu erklären, daß Untersuchungen beim Biegen von Rohren einen großen Streubereich haben müssen, da sich ja die absoluten Beträge der Einzeltoleranzen zu einer Endtoleranzsumme addieren.

Beim Vorprodukt Rohr haben wir zu unterscheiden zwischen Werkstoff- und Maßtoleranzen:

a) die Werkstofftoleranzen umfassen:
zulässige Schwankungen in der chemischen Zusammensetzung,
einen zulässigen Streubereich der Zugfestigkeit, der z.B. für den

genormten Kesselbaustahl St 35.8 35–45 kp/mm² beträgt (ein Überschreiten der oberen Grenze um 2 kp/mm² ist statthaft), Glühzustand und Härteschwankungen,
Bruchdehnung,
Warmstreckgrenze;

b) als Maßtoleranzen sind festgelegt:
eine zulässige Außendurchmesser-Abweichung von
± 0,5 mm für Rohre bis 50 mm ä. ⌀ und von
± 1,0% für Rohre über 50 mm ä. ⌀,
eine zulässige Wanddicken-Abweichung von
± 10% (−15%)   für Rohre bis 130 mm ä. ⌀,
± 12,5% (−17,5%) für Rohre über 130–320 mm ä. ⌀,
± 15% (−20%)   für Rohre über 320 mm ä. ⌀.
Diese Abweichungen sind in demselben Querschnitt zulässig. Die Klammerwerte gelten als absoluter Kleinstwert für örtlich begrenzte Stellen. Sie dürfen sich nicht über eine größere Länge als zwei Rohraußendurchmesser erstrecken.

Gewichtstoleranzen: Eine gewisse Eingrenzung der Maßabweichung, insbesondere des Zusammentreffens der Grenzwerte, liegt in den Gewichtstoleranzen. Sie betragen für ein einzelnes Rohr + 10% und − 8% (Berechnung des Gewichtes nach DIN 2448).

Dies sind nun die Voraussetzungen bzw. Ausgangsbedingungen für die beim Biegen als letztem Herstellvorgang erzielbare Genauigkeit besonders hinsichtlich der Abweichung des Rohrbogenquerschnittes vom Kreis, die ihrerseits noch weiter durch eine Reihe von Faktoren beeinflußt wird, z.B. durch die Fertigungsmittel und deren fehlerhafte Benutzung, durch wechselnde Arbeitsbedingungen u.a.m.

Da in diesem Zusammenhang die Frage von Interesse ist, welche kleinste Unrundheit sich überhaupt bei verschiedenen Biegeverfahren erreichen läßt, wurde an zahlreichen Rohrbogen die Unrundheit festgestellt und in der laufenden Fertigung Kleinstwerte der Unrundheit für freies Biegen mit Sandfüllung (Feld *2111* des Schemas nach Abb. 1/8 – warm gebogen) und für das Biegen mit Stützdorn (Feld *2214* – kalt gebogen) angestrebt. Das Ergebnis ist für freies Warmbiegen doppeltlogarithmisch in Abb. 1/22 dargestellt, und zwar ist jeweils die untere Grenze des Streugebietes für ein bestimmtes Wanddickenverhältnis s_0/D_0 angegeben. Die obere Grenze liegt bei etwa doppelt so hohen Werten. Abb. 1/23 zeigt dasselbe Ergebnis für das Biegen über einen Stützdorn. Die Streuung der Werte ist hier nur etwa halb so groß.

Der andersartige Verlauf der bei diesen beiden Biegeverfahren erreichbaren Unrundheit erklärt sich aus der Stützwirkung der Sandfüllung beim freien Warmbiegen, die sich über den ganzen Biegebereich

1.3 Allgemeine geometrische und spannungsmäßige Verhältnisse

erstreckt. Die Stützwirkung des Dornes reicht demgegenüber nur bis etwa 30° Biegewinkel beim Löffeldorn – beim Kugeldorn ist sie noch ge-

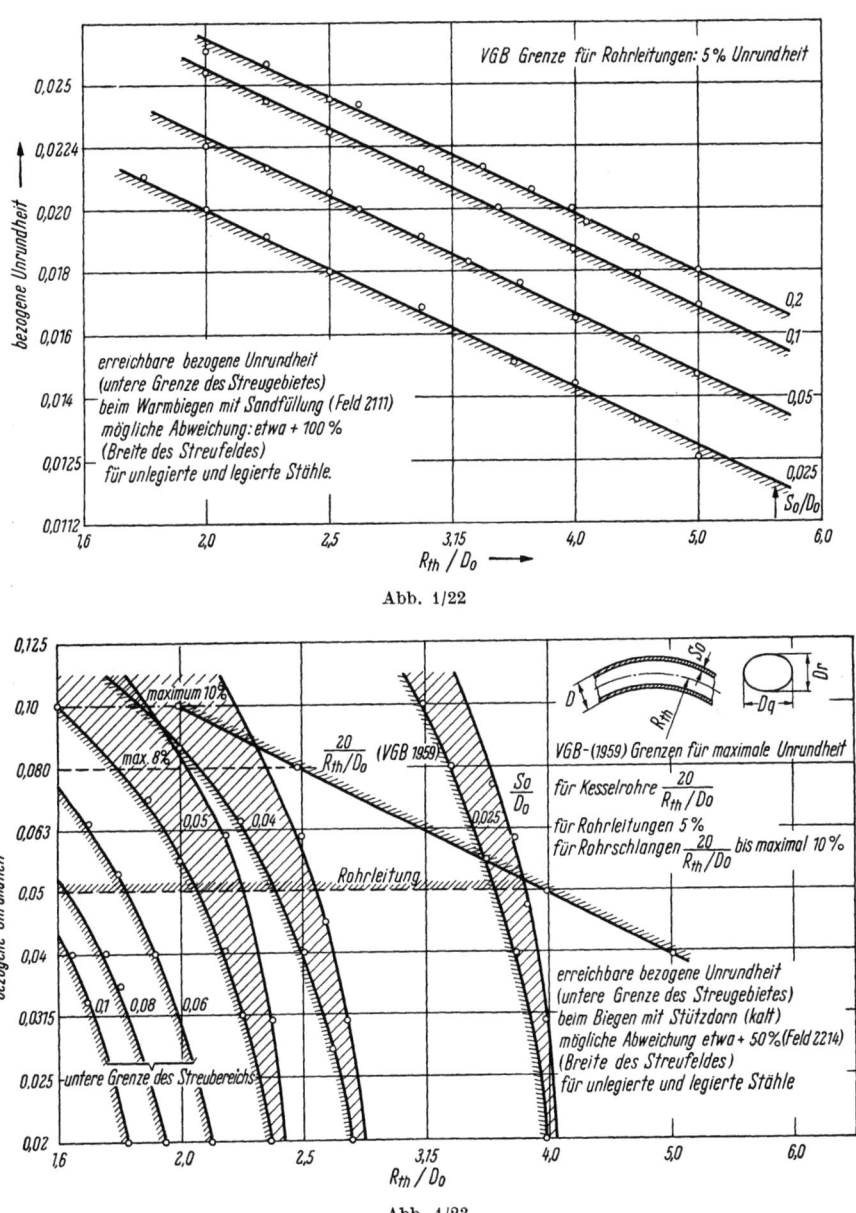

Abb. 1/22

Abb. 1/23

ringer –, danach können sich die radialen Komponenten der Biegelängskräfte, die den Bogenquerschnitt zusammendrücken, voll auswirken.

20   1 Die Biegeverfahren

In das Kurvenblatt Abb. 1/23 sind die z. Z. gültigen Grenzen der Unrundheit nach VGB für Rohrleitungen, Kesselrohre und Rohrschlangen eingetragen. Die gefundene Häufigkeitsverteilung ist praktisch für beide Biegeverfahren die gleiche (Abb. 1/24) mit einem gegenüber dem Mittelwert des Streubereiches etwas einseitig zur Gutseite hin verschobenen Maximum.

Es ist schwierig, für einen Rohrbogen eine eindeutige Funktionskurve aufzustellen, auf der eine Festlegung der zulässigen Unrundheit beruhen kann. Eine mögliche Funktionskurve mit der Funktionstoleranz T (untere Grenze Fertigungskosten, obere Grenze Unrundheit) ist in Abb. 1/25 angedeutet: die einzigen Einflußgrößen auf die Funktionskurve sind die Unrundheit mit dem damit verbundenen geringfügigen Anstieg der Durchflußwiderstände infolge abnehmender Durchflußquerschnitte sowie Festigkeitsverhalten und Spannungsverteilung als Folge der Toleranzsumme des Vorproduktes Rohr und der Unrundheit (Abb. 1/26 qualitativ). Die VGB-Richtlinien stellen demgegenüber eine auf die Fertigungsbedingungen ausgerichtete Ungenauigkeits-Festlegung dar. Auf Grund des Festigkeitsverhaltens von Rohrbogen mit vom Kreis abweichenden Querschnittsformen erscheint im Gegensatz zu den z. Z. gültigen VGB-Richtlinien eine Begrenzung der Unrundheit auf 8% gegenüber 10%

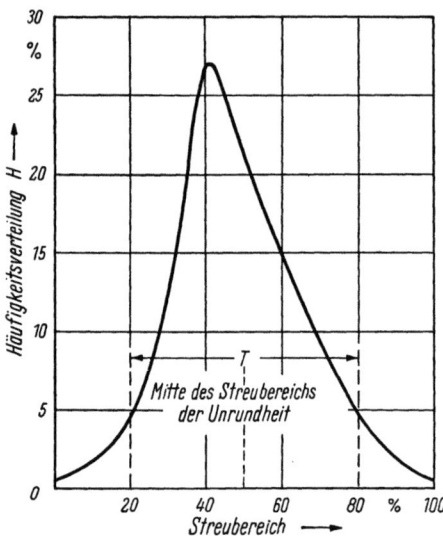

Abb. 1/24. Häufigkeitsverteilung zur erreichbaren Unrundheit beim Warmbiegen und beim Biegen mit Stützdorn

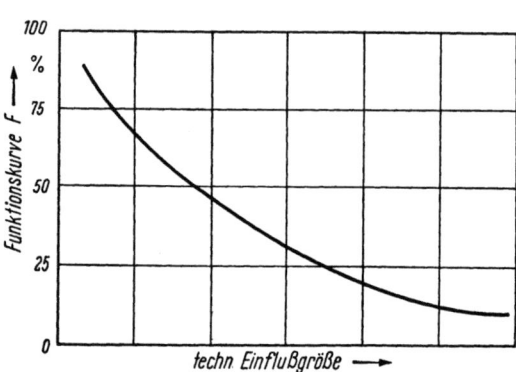

Abb. 1/25. Funktionskurve; F angenommen wegen Querschnittsverringerung und Gefährdung des Bogens durch Spannungsmaxima bei Innendruck

ratsam. Diese Begrenzung ist fertigungstechnisch ohne besondere Schwierigkeiten zu erreichen.

Eine weitere Prüfung des Bogenquerschnittes wird in den VGB-Richtlinien durch einen Kugel-Durchlaufversuch vorgeschrieben. Danach hat eine Kugel von bestimmter Größe den Bogen ungehindert zu durchlaufen

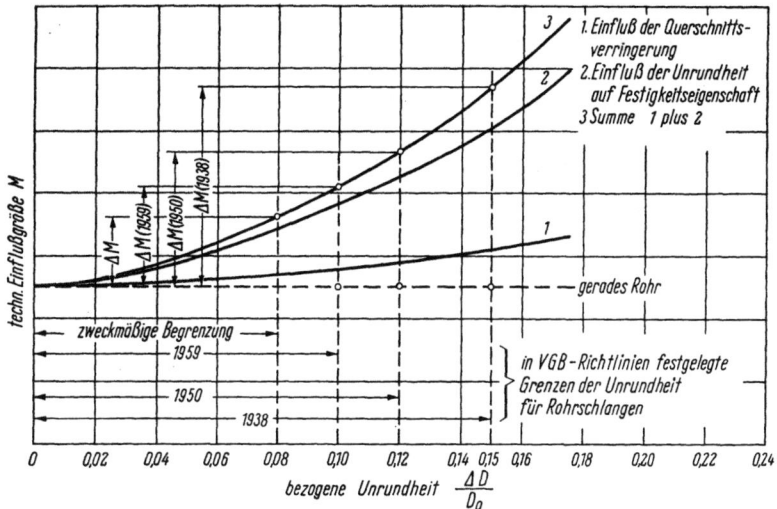

Abb. 1/26. Einflußgrößen

(gleichzeitig stellt diese Probe auch eine Sicherheit gegen Schweißbärte und Fremdkörper dar). Die Kugelgrößen sind wie folgt festgelegt:

für Rohre bis 32 mm ä. ∅: Nenninnendurchmesser minus 4 mm,
für Rohre von 32–44,5 mm ä. ∅: Nenninnendurchmesser minus 5mm,
für Rohre von 44,5–57 mm ä. ∅: Nenninnendurchmesser minus 6mm.

Diese Festlegung stellt in der vorliegenden Form eine Überbestimmung dar, da der Kugeldurchmesser unter Berücksichtigung der zulässigen Maßtoleranzen und der radialen Dehnung größer sein kann als der kleinste lichte Durchmesser im Bogen.

2 Vorgänge im Rohr beim Biegen

2.1 Dehnungsverhältnisse

Um den Biegevorgang von Rohren der Rechnung zugänglich zu machen, hat man einige Voraussetzungen gemacht, nämlich
hinsichtlich der Geometrie:
1. der Kreisquerschnitt bleibe erhalten,
2. Querschnitte senkrecht zur Rohrachse bleiben eben;

22 2 Vorgänge im Rohr beim Biegen

hinsichtlich des Werkstoffes:
1. der Rohrbogen verfestige sich nicht,
2. keine Werkstoffwanderung in Umfangsrichtung.

Die Zulässigkeit dieser Voraussetzungen werden im folgenden untersucht.

Beim Biegen eines Rohres treten als Folge des dreiachsigen Spannungs- und Formänderungszustandes Dehnungen in Längsrichtung, in Umfangsrichtung und in radialer Richtung auf, die unabhängig voneinander gemessen und betrachtet werden können.

Die Ermittlung der Einzeldehnung gibt jedoch keine Möglichkeit, daraus die entsprechenden dazugehörenden Hauptspannungen unmittelbar zu errechnen, da diese bei einem drei-

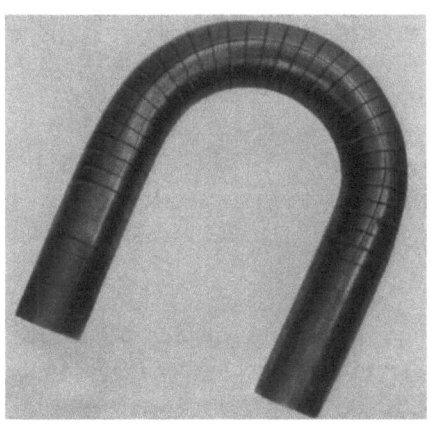
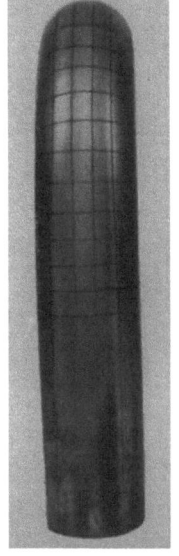

a b
Abb. 2/27 a u. b. Veränderung des Liniennetzes

achsigen Spannungszustand nicht in Richtung der Hauptdehnungen zu liegen brauchen.

Zur Messung der Dehnungen wurde auf dem geraden ungebogenen Rohr ein Liniennetz in Längsrichtung und in Richtung des Umfanges mittels Teilkopf aufgebracht, so daß Felder von 10 × 10 mm entstanden. Dehnungsverteilung, Verzerrung und Schrägstellung der Querschnitte und ihre Verwölbung konnten nach dem Biegevorgang an Hand der Veränderung des Liniennetzes gut beobachtet werden (Abb. 2/27). Die Dehnungen wurden bei der Auswertung der Messungen als natürliche Dehnungen

$$\varphi = \ln \frac{l}{l_0}$$

aufgetragen, so daß an jedem Element die Beziehung gilt:

$$\Sigma \varphi = 0.$$

Wenn sich die Dehnungsmessungen auch auf die äußeren Randzonen des Bogens beschränken, so scheint es doch zulässig zu sein, aus ihrer Verformung Schlüsse auf die Verformung des ganzen Bogens zu ziehen.

Wir unterscheiden bei der folgenden Betrachtung:

Längsdehnungen φ_l = Dehnungen parallel zur Rohrachse,
Umfangsdehnungen φ_u = Dehnungen in Umfangsrichtung in Ebenen, die senkrecht zur Rohrachse stehen,
Radialdehnungen φ_r = Dehnungen in radialer Richtung als Maß für die Wanddickenänderung.

Zur Beschreibung der Dehnungsverteilung wurde der Winkel ξ gemäß Abb. 2/31 eingeführt. Der Umlaufsinn wurde dabei so gewählt, daß er am Anfang der Biegung gleich Null und am Ende der Biegung gleich dem Biegewinkel α ist.

2.11 Dehnung in Längsrichtung und Lage der ungelängten Schicht

Abb. 2/28 zeigt zunächst die Randdehnungsverteilung in axialer Richtung über den gesamten Bereich eines 180°-Bogens, der durch Biegen

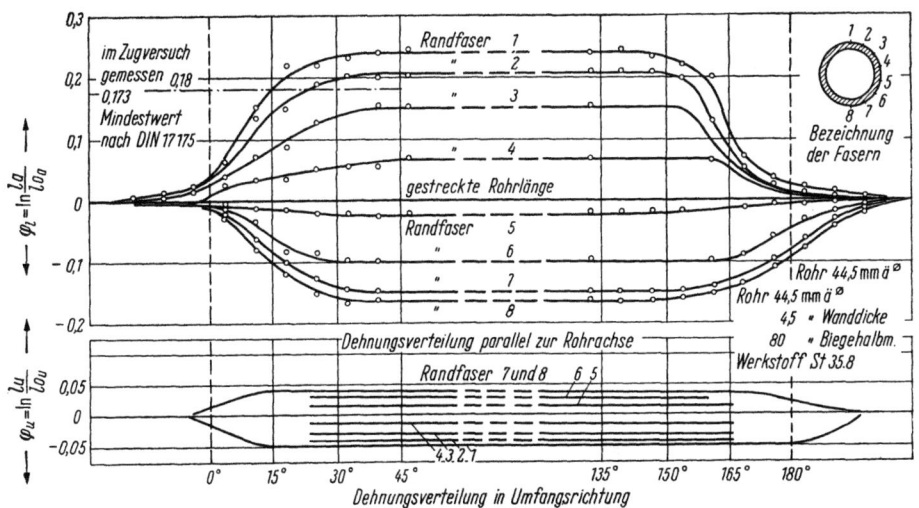

Abb. 2/28. Randdehnungsverteilung im Bogen; Biegen mit Stützdorn (Verfahren *2214*); bezogene Unrundheit: 0,045

über einen Stützdorn (Feld *2214*) hergestellt ist. Wenn man ein gleiches Rohr nach dem gleichen Verfahren biegt, dabei aber den Stützdorn fort-

24   2 Vorgänge im Rohr beim Biegen

läßt, ergeben sich Randdehnungsverteilungen nach Abb. 2/29, während Abb. 2/30 die Verhältnisse beim dornlosen Biegen (Feld *2215*) darstellt. Die jeweilige Dehnungsverteilung im 90°-Bogenquerschnitt (Mitte des

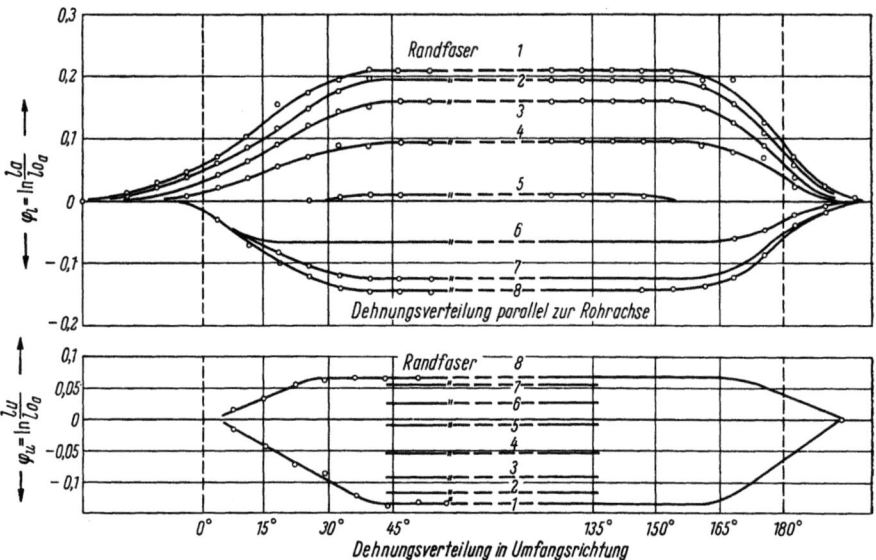

Abb. 2/29. Randdehnungsverteilung im Bogen; Biegen mit Stützdorn (Verfahren *2214*) jedoch ohne Dorn ausgeführt, bezogene Unrundheit: 0,148

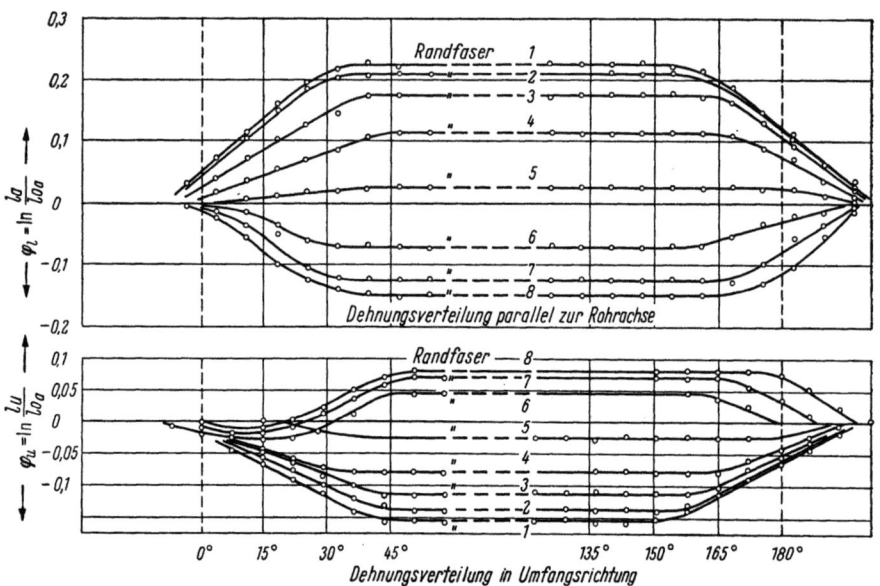

Abb. 2/30. Randdehnungsverteilung im Bogen; dornloses Biegen (Verfahren *2215*), bezogene Unrundheit: 0,06

2.1 Dehnungsverhältnisse   25

180°-Bogens) kann den Abb. 2/31–33 entnommen werden. Wenn z. B. an Faser 1

$$\varphi_l = 0{,}24 \text{ und } \varphi_u = -0{,}06$$

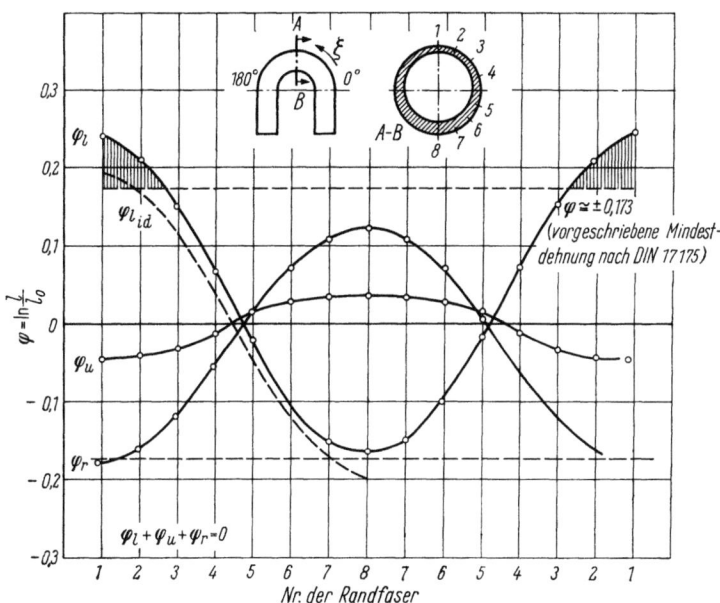

Abb. 2/31. Randdehnungsverteilung im Bogenquerschnitt; Biegen mit Stützdorn (Verfahren *2214*), bezogene Unrundheit: 0,045

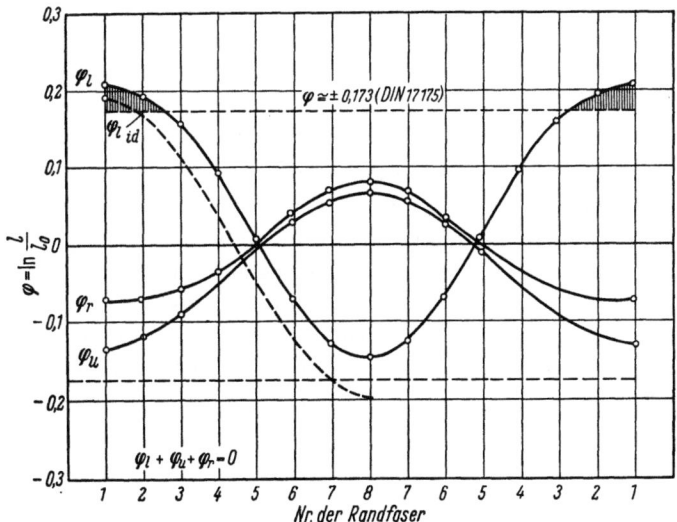

Abb. 2/32. Randdehnungsverteilung im Bogenquerschnitt; Biegen mit Stützdorn (Verfahren *2214*), jedoch ohne Dorn ausgeführt, bezogene Unrundheit: 0,148

2 Vorgänge im Rohr beim Biegen

gemessen wurde, dann hat sich die obere Partie in Umfangsrichtung zusammengeschoben. Die Radialdehnung ist dann

$$\varphi_r = -0{,}18$$

in Erfüllung der Bedingung $\Sigma\varphi = 0$.

Alle Verfahren haben folgende Merkmale hinsichtlich der Dehnungsverteilung gemeinsam:

a) ein Teil der Randschichten im gestreckten Teil des Bogens (angelegte Flächen in Abb. 2/31–33) nehmen größere Dehnungen auf, als sie im

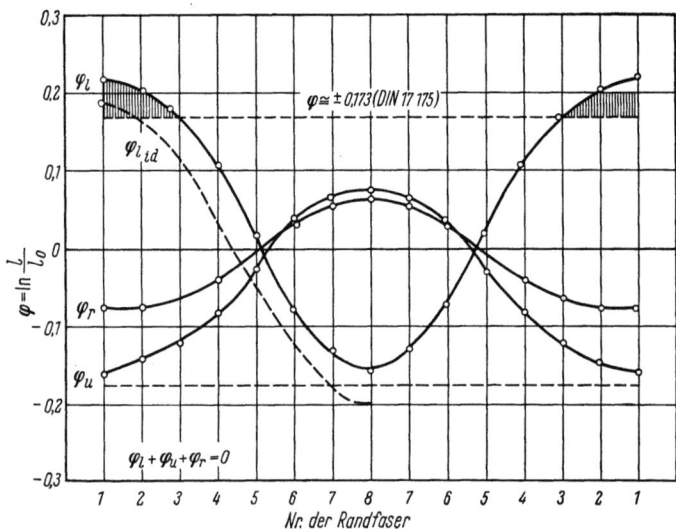

Abb. 2/33. Randdehnungsverteilung im Bogenquerschnitt; dornloses Biegen (Verfahren 2215), bezogene Unrundheit: 0,06

Zugversuch als Werkstoffkennwert ermittelt wurde ($\varepsilon_z = 0{,}25$ als vorgeschriebener Mindestwert für St 35.8 aus dem Zugversuch nach DIN 17175 – tatsächliche, im Zugversuch ermittelte Bruchdehnung des verwendeten Rohres $\varepsilon_z = 0{,}258$ – größte gemessene Randdehnung $\varepsilon_a = 0{,}35$ der Schicht 1, das sind etwa 36% mehr als die gemessene Bruchdehnung).

Diese Erscheinung ist auf die Tatsache zurückzuführen, daß bei der Ermittlung der Spannungs-Dehnungskurve im Zug- bzw. Druckversuch ein einachsiger Spannungs- und Formänderungszustand vorliegt, beim Biegevorgang jedoch ein dreiachsiger.

Beim Vergleich der drei Biegearten untereinander ist zu erkennen, daß beim dornlosen Biegen (Feld 2215) der Anteil der Randschichten, die über die Bruchdehnung des Werkstoffes hinaus gedehnt werden, etwas geringer ist als beim Biegen über einen Dorn nach Feld 2214. Wegen des

2.1 Dehnungsverhältnisse

Einfallens des Bogenquerschnittes (flachovale Form) beim Dornbiegen ohne Dorn ist dabei dieser Anteil naturgemäß am geringsten.

b) Die Vorgänge beschränken sich beim Biegen eines Rohres nicht nur auf den Bereich des eigentlichen Bogens, sondern erstrecken sich beiderseits des Bogens weit in den anschließenden geraden Teil. Man kann unterscheiden zwischen dem Übergangsgebiet ungebogenes Rohr–Rohrbogen, dem Bereich des Bogens und dem Auslauf vom Bogen zurück zum geraden Rohr.

Die Übergangszone zu Beginn einer Biegung umfaßt auf dem Wege vom geraden Rohr bis zum kontinuierlichen Biegeablauf folgende Einzelvorgänge:
1. Dehnung der Zugseite in den Randgebieten parallel zur Rohrachse bis zur Fließgrenze und darüber hinaus,
2. Verlagerung der ungelängten Schicht zum Biegemittelpunkt hin,
3. Stauchung der Druckseite parallel zur Rohrachse,
4. Stauchung in Umfangsrichtung (Zugseite) in Ebenen, die senkrecht zur Rohrachse stehen,
5. Dehnung in Umfangsrichtung (Druckseite) in Ebenen, die senkrecht zur Rohrachse stehen,
6. Übergang der Krümmung $K = 1/\varrho$ vom Werte Null für das gerade Rohr auf den Wert der verlangten Biegung,
7. Veränderung der Querschnittsform,
8. über den Querschnitt ungleichmäßig verteilter Anstieg von Festigkeit und Härte als Folge unterschiedlicher Grade der Kaltumformung.

Den drei Biegearten gemeinsam ist ferner die Tatsache, daß die Übergangszone nach einem Biegewinkel von etwa 30 bis 40° endet, trotz recht unterschiedlichen Verlaufes im Übergangsgebiet selbst.

c) Die Lage der ungelängten Schicht, definiert als die Schicht, deren bleibende Dehnung nach beendetem plastischem Biegevorgang gleich Null ist, stimmt nicht mit der mittleren Kreisbogenschicht überein, sondern ist zur Biegeachse hin verlagert ($R_u/R_{th} < 1$).

Der Begriff der ungelängten Schicht ist von besonderer Bedeutung. Beim Blechbiegen berechnet man aus ihrer Lage den sich einstellenden Biegehalbmesser und die Größe der Rückfederung [40, 41]. Beim freien Biegen von Rohren (Feld 2111) wird der Halbmesser des Bogens zu groß, wenn man beim Anzeichnen der gestreckten Länge des Bogens am geraden Rohr (Anwärmlänge) vom theoretischen Biegehalbmesser ausgeht und nicht vom Halbmesser der ungelängten Schicht. Beim Biegen mittels einer Biegeform hat dieser Punkt keine so große Bedeutung.

Auf die Bedeutung der ungelängten Schicht für das Festigkeitsverhalten eines Bogens weist LEHMANN hin [44], der feststellt, daß der Biegehalbmesser der ungelängten Schicht unter den Voraussetzungen, daß

die Querschnitte senkrecht zur Rohrachse beim Biegen eben bleiben,
beim Biegen keine Werkstoffverschiebung in Umfangsrichtung stattfindet und

keine Deformation der Kreisgestalt des Bogens erfolgt,

um wenigstens $D_0/4$ *größer* sein muß als der theoretische Biegehalbmesser, wenn der Bogen den gleichen Innendruck ertragen soll wie das gerade Rohr. Die obigen Voraussetzungen sind jedoch, wie wir noch sehen werden, beim Biegen von Rohren nach den hier näher untersuchten Verfahren gemäß Feld *2214* und *2215* nicht gegeben, und der tatsächlich sich einstellende Halbmesser der ungelängten Schicht ist *kleiner* als der theoretische Biegehalbmesser.

Um aus den Dehnungen der Randfasern die Lage der ungelängten Randfaser im 90°-Querschnitt zu bestimmen, wurde die entsprechende natürliche Dehnung im 90°-Querschnitt Punkt für Punkt entnommen und in Abb. 2/31–33 in Abhängigkeit vom Winkel ξ aufgetragen. Die Schnittpunkte der Längsdehnungskurve mit der Nullachse ergeben damit die in Längsrichtung ungelängten Fasern, die Schnittpunkte der Umfangsdehnungskurve mit der Nullachse die in Umfangsrichtung ungelängten Fasern. Aus der Tatsache, daß beide Schnittpunkte fast zusammenfallen, folgt, daß es eine Randfaser gibt, die sowohl in Längs- als auch in Umfangsrichtung ungelängt ist. Daß auch die gemessene Radialdehnung innerhalb der Meßtoleranz an der Stelle der ungelängten Randfaser verschwindet, bedeutet zufolge der Erfüllung der Bedingung $\Sigma \varphi = 0$ eine gegenseitige Bestätigung dieser Messungen. Somit darf man mit genügender Genauigkeit von einer ungelängten Schicht sprechen, deren Lage durch den Mittelwert aus den drei Schnittpunkten der Dehnungskurven mit der Nullachse bestimmt wird. Diese Schicht liegt etwa bei der Faser *5*, sie ist also zur Biegeebene hin verlagert.

Auf Grund des dreiachsigen Spannungszustandes ist es beim Biegen von Rohren nicht ohne weiteres möglich, aus der Lage der ungelängten Schicht auf die Wanddickenverteilung und die Querschnittsform des Rohrbogens zu schließen. Dies ist bei Gegenüberstellung der Abb. 2/34, die bei rundem Querschnitt den Dehnungsverlauf beim Dornbiegeverfahren (Feld *2214*) zeigt, mit Abb. 2/35 mit eingefallenem Querschnitt (Dornbiegeverfahren, jedoch ohne Dorn ausgeführt) ersichtlich: Mit zunehmender Unrundheit verlagert sich die ungelängte Schicht stärker zur Biegeachse hin und ihr Abstand zum Schwerpunkt der Querschnittsfläche wird größer.

Sofern der kreisrunde Querschnitt im Rohrbogen erhalten bleibt, kann aus der Lage der ungelängten Schicht auf die Verteilung der Dehnung im Rohrbogen geschlossen werden. Würde die ungelängte Schicht in der mittleren Kreisbogenschicht liegen, so würde die positive Längsdehnung an der Stelle *1* gleich der negativen Längsdehnung an der

Stelle *8* sein. Je mehr die ungelängte Schicht in Richtung zur Biegeachse wandert, desto größer wird die positive Längsdehnung gegenüber der

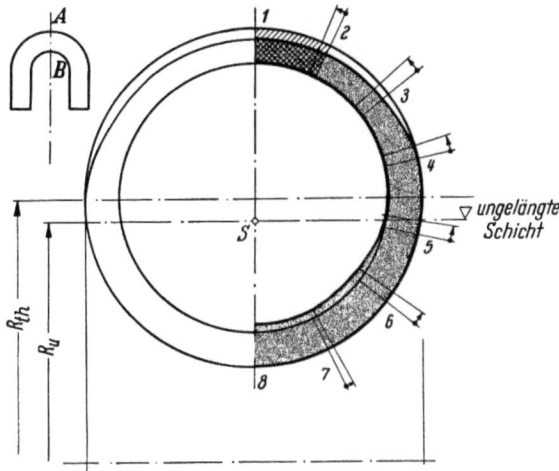

Abb. 2/34. Vorgänge im Rohrquerschnitt; Biegen mit Stützdorn (Verfahren *2214*), 90°-Querschnitt, bezogene Unrundheit: 0,045

negativen, wie u.a. aus Abb. 2/31 deutlich wird. Diese Betrachtung ist unter Berücksichtigung der Volumenkonstanz auf die Wanddickenänderung zu übertragen.

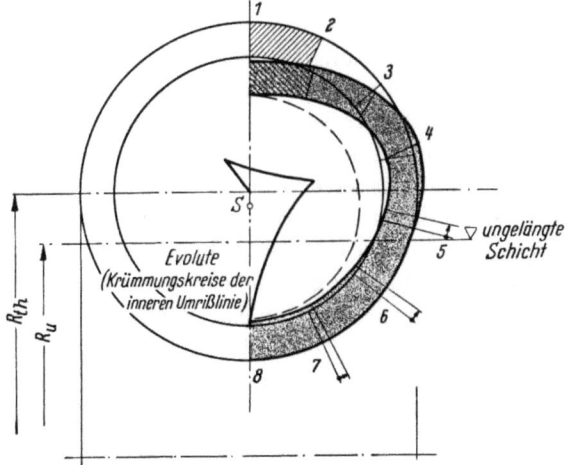

Abb. 2/35. Vorgänge im Rohrquerschnitt; Biegen mit Stützdorn (Verfahren, *2214*) jedoch ohne Dorn ausgeführt, 90°-Querschnitt, bezogene Unrundheit: 0,148

Bei flachovalen Querschnitten kann jedoch aus der Lage der ungelängten Schicht nicht auf die Dehnungsverteilung geschlossen werden, da der Abstand der äußeren Randzone von der ungelängten Schicht kleiner wird, was eine Verringerung der Längsdehnung zur Folge hat. Durch die Abnahme des Querschnittsumfanges müssen größere negative Umfangsdehnungen auftreten, wie aus Abb. 2/34 und 2/35 ersichtlich ist. Beide Erscheinungen zeigen, daß es nun auch nicht mehr möglich ist, von der

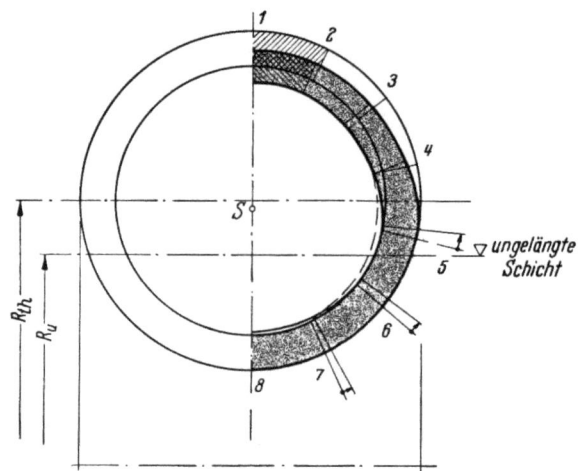

Abb. 2/36. Vorgänge im Rohrquerschnitt; dornloses Biegen (Verfahren *2215*), 90°-Querschnitt, bezogene Unrundheit 0,06

Lage der ungelängten Schicht auf die Wanddickenverteilung längs des Rohrbogens zu schließen.

Aus der Verlagerung der ungelängten Schicht ist zu ersehen, warum die Dehnung in Längsrichtung größer ist, als sie sich bei $R_u = R_{th}$ und unter Zugrundelegung des Kreises als Querschnittsform ergeben würde: Die Abstände der Fasern *1* und *2* werden größer als r_a. Ferner ist in den Abb. 2/31–33 die Dehnungsverteilung in Längsrichtung für den Idealfall $R_u = R_{th}$ und Beibehaltung des Kreises als Querschnittsform gestrichelt eingetragen ($\varphi_{1\,id}$), so daß der Unterschied gegenüber der tatsächlich vorhandenen Dehnungsverteilung gut zu erkennen ist.

Biegt man ein Stahlrohr über den elastischen Bereich hinaus, so wird die Randzone des gestreckten Teiles, dessen Gesamtquerschnitt mit fortschreitender Biegung ständig abnimmt, zuerst die Fließgrenze erreichen, während die inneren Schichten, deren Gesamtquerschnitt mit fortschreitender Biegung ständig zunimmt, noch schwächer belastet sind. Die ungelängte Schicht und auch die spannungsfreie Schicht – es war am gebogenen Rohr nicht nachzuweisen, daß sich diese beiden Schichten hinsichtlich ihrer Lage voneinander unterscheiden – werden sich also aus Gleichgewichtsgründen in Richtung des geringer belasteten Teiles verlagern.

2.12 Die Dehnung in Umfangsrichtung

Entgegen den üblichen Voraussetzungen treten beim Biegen von Rohren beträchtliche positive und negative Dehnungen in Umfangsrichtung auf (Abb. 2/31–33). Ihre Größe wird beeinflußt:

1. Durch die Neigung der Querschnitte gegenüber der Senkrechten zur Rohrachse: Steigende Neigung bedingt Vergrößerung der Umfangslinie im Verhältnis Ellipse zum Kreis. Dies ist vornehmlich auf der Druckseite des Bogens zu beobachten.

2. Durch das Nachziehen von Werkstoff aus der Umfangsrichtung bei Dehnung in Längsrichtung (Zugseite) und durch Querdehnung des überschüssigen Werkstoffes auf der Druckseite. Dieser Einfluß ist auf der Zugseite des Bogens größer als die Vergrößerung der Umfangslinie gemäß Punkt *1*, so daß auf der Zugseite negative Dehnungen in Umfangsrichtung auftreten.

3. Durch die Querschnittsform im Bogen: Die negative Dehnung in Umfangsrichtung auf der Zugseite wächst mit steigender Abplattung, die zugleich Verkleinerung des Querschnittes bewirkt.

2.13 Radiale Dehnung

Beim Biegen über einen Stützdorn (Verfahren nach Feld *2214*) treten die größten Abweichungen von der anfänglichen Wanddicke auf, im vorliegenden Fall sind es etwa 25% Wanddickenabnahme auf der Zugseite und etwa 18% Zunahme auf der Druckseite. Demgegenüber ergibt das dornlose Biegen nach Feld *2215* eine gleichmäßigere Wanddickenverteilung mit je etwa 10% Abnahme bzw. Zunahme bei gleichen Rohrabmessungen und bei gleichem Biegehalbmesser, da der Rohrquerschnitt, wie weiter gezeigt wird, auf einen kleineren Außendurchmesser zusammengedrückt wird.

2.14 Schrägstellen der Querschnitte und ihre Verwölbung

Vergleichen wir den Verlauf der Längsdehnung auf der Zugseite des Bogens an der Stelle *1* mit der der Druckseite des Bogens an der Stelle *8*, so erkennen wir, daß die Verschiebung der Werkstoffteile bei *1* zu Beginn der Biegung größer ist als die Verschiebung an der Stelle *8*. Nach einem Biegewinkel von etwa 10° kehren sich die Verhältnisse um, bis sie nach 30–40° Biegewinkel ein Verhältnis zueinander erreicht haben, das bis gegen Ende der Biegung gleich bleibt. Das bedeutet, daß Ebenen, die die Punkte *1* und *8* enthalten, gegenüber der Rohrachse schräg liegen (vgl. Abb. 2/37–39).

Der Verlauf bis etwa $\xi = 10°$ erklärt sich aus der Überlagerung von elastischer und plastischer Biegung. Größer jedoch ist das Verhältnis zwischen den Verschiebungen an den beiden betrachteten Stellen von

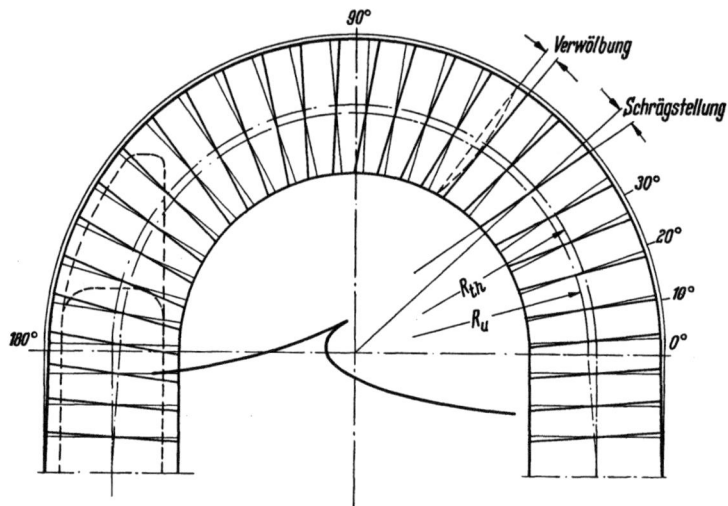

Abb. 2/37. Schrägstellung und Verwölbung der Querschnitte; Biegen mit Stützdorn (Verfahren *2214*)

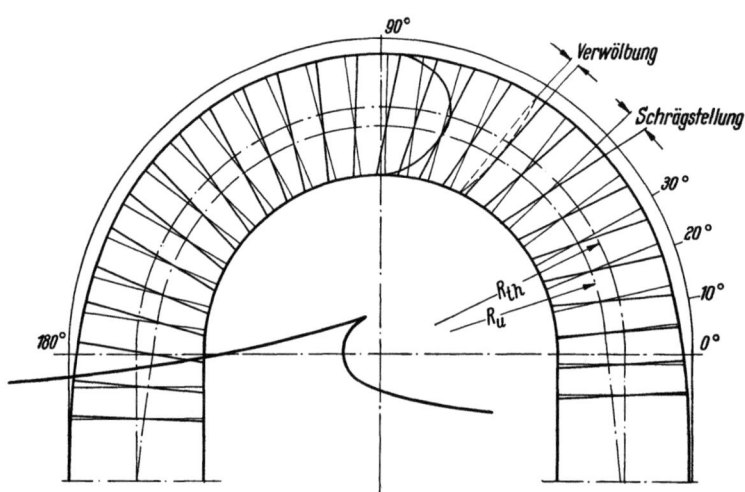

Abb. 2/38. Schrägstellung und Verwölbung der Querschnitte; Biegen mit Stützdorn (Verfahren *2214*), jedoch ohne Dorn ausgeführt

etwa 10° an. Sie läßt sich durch den Werkstofftransport quer zur Biegeachse von der Druckseite zur Zugseite hin erklären, die in den Abb. 2/34 bis 36 deutlich sichtbar wird. Dieser Vorgang wird unterstützt, sobald

2.1 Dehnungsverhältnisse 33

der Rohrquerschnitt nicht mehr kreisförmig bleibt, sondern flachoval wird, so daß Längsdehnung, wie oben ausgeführt, wegen des geringeren Querschnittsumfanges auf der Zugseite geringer wird (Abb. 2/31–33).

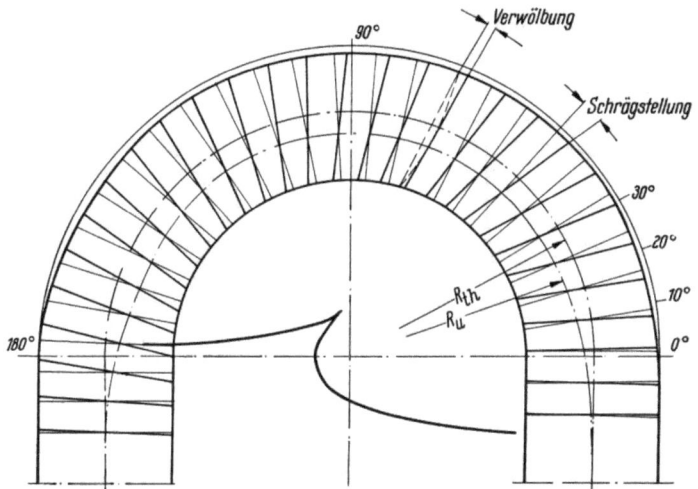

Abb. 2/39. Schrägstellung und Verwölbung der Querschnitte; dornloses Biegen (Verfahren 2215)

Deutlich erkennt man den Einfluß des Werkstofftransportes quer zur Rohrachse auf das Schrägstellen der Querschnitte, wenn man die

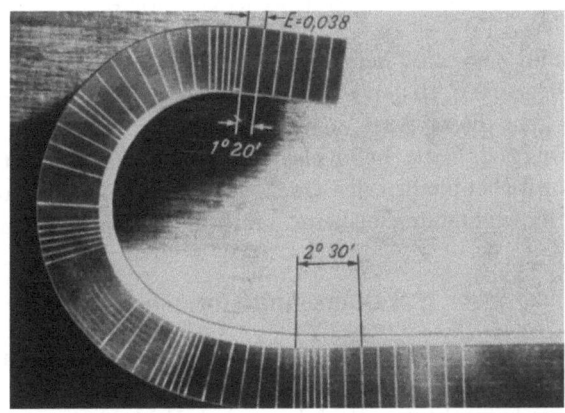

Abb. 2/39a. Schrägstellung der Querschnitte beim Biegen eines vollen Rechteckquerschnittes

Abb. 2/37–39 untereinander vergleicht. (Abb. 2/39a zeigt vergleichsweise das Schrägstellen der Querschnitte beim Biegen eines vollen Rechteckquerschnittes.)

34 2 Vorgänge im Rohr beim Biegen

Betrachten wir das Gebiet zwischen den Punkten *1* und *8*, so stellen wir außer der Schrägstellung auch eine deutliche Verwölbung der Querschnitte fest (vgl. Abb. 2/40). Wählt man die ungelängte Schicht in der Nähe der Faser *5* als Nullpunkt, so sind die Abweichungen von einem ebenen Querschnitt bei den Punkten *1* und *8* am größten und nehmen in Richtung der ungelängten Schicht ab. Die absolute Größe der Ver-

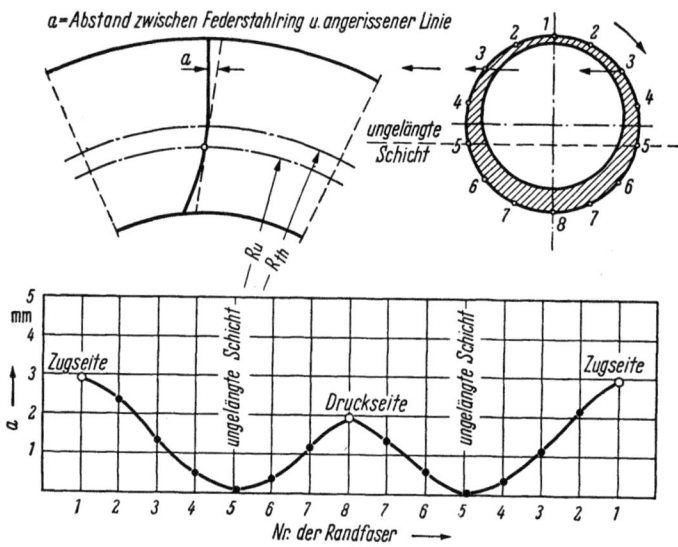

Abb. 2/40. Verwölbung des Querschnittes

wölbung gemäß Abb. 2/40 beträgt in der Faser *1* etwa 2 mm für alle betrachteten Biegearten. In den Übergangszonen zu Beginn und gegen Ende der Biegung geht dieser Wert auf Null zurück.

Daraus folgt, daß die beim elastischen Biegen gemachten Voraussetzungen vom Ebenbleiben der Querschnitte und der Vernachlässigung der Werkstoffverschiebungen beim bildsamen Biegen unzulässig sind.

2.2 Querschnittsformen

Es können drei verschiedene Grundformen von Rohrbogenquerschnitten auftreten: flachovale, hochovale und kreisförmige. Sie können von den beiden betrachteten Verfahren nach Feld *2214* und *2215* je nach Biegehalbmesser, Dornstellung und Werkzeugform erreicht werden; auch ein Einziehen, d.h. eine Verkleinerung des gesamten Querschnittes ist möglich.

Die Abb. 1/19–21 zeigen die drei Grundformen; für die ovalen ist die bezogene Unrundheit $(D_q - D_r)/D_0 = 0{,}15$ maßgebend, d.i. der Unterschied zwischen größtem und kleinstem Rohraußendurchmesser im Bogen, bezogen auf den Nennaußendurchmesser D_0, wie er nach den VGB-Richtlinien von 1938 noch erlaubt war (vgl. Abschn. 1.34).

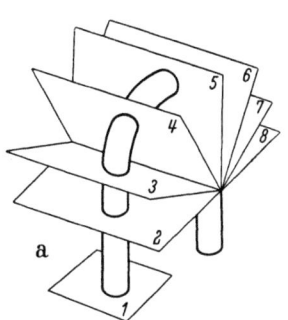

Die flachovale Form entsteht unter dem Einfluß der radialen Komponenten der Biegelängsspannungen, sobald das Rohr den örtlich begrenzten Einflußbereich von Gleitschiene und Stützdorn verläßt bzw. wenn mit falscher Dornstellung oder auch ganz ohne Dorn gebogen wird (Abb. 2/41). In Abb. 2/42 sind die Zugkräfte im Außenteil des Bogens und die Druckkräfte im Innenteil

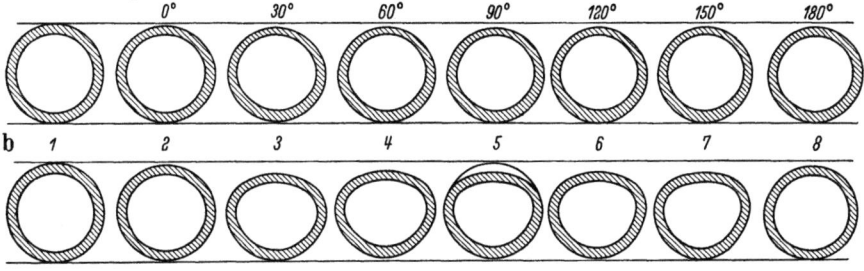

Abb. 2/41 a u. b. Ergebnis falscher Dornstellung

durch entsprechende Pfeile gekennzeichnet. Wie man sieht, sind die Resultierenden aus der Zug- und Druckzone entgegengesetzt gerichtet und müssen miteinander im Gleichgewicht stehen. Damit bewirken die Normalspannungen ein Zusammendrücken des ursprünglich kreisförmigen Querschnittes.

Eine hochovale Form kann erreicht werden, wenn man Stützkräfte gemäß Abb. 4/78 anbringt. Gelingt es, die äußeren Stützkräfte gerade so groß zu machen, daß sie die vom Biegevorgang herrührenden, die flachovale Form verursachenden Kräfte aufheben,

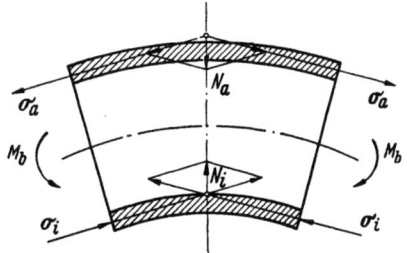

Abb. 2/42. Biegelängskräfte

so können wir zwangsläufig zur Kreisbogenform kommen. Übersteigen die äußeren Stützkräfte die radialen Komponenten der Biegelängskräfte, so nimmt das Rohr einen hochovalen Querschnitt an.

Das Biegen über einen festen Stützdorn (Feld *2214*) führt nur bei großen Biegehalbmessern über $3 \cdot D_0$ und bei dickwandigen Rohren zu geringen Abweichungen von kreisförmigen Querschnittsformen. Die bei den Untersuchungen gemäß Abschn. 3.34 gemessenen bezogenen Unrundheiten sind in Abb. 1/23 angegeben und die Grenzen für die nach den VGB-Richtlinien größte zulässige bezogene Unrundheit für Kesselrohre und Rohrleitungen, ebenso wie für Rohrschlangen, eingetragen. Als Folge der Eigenschaftsschwankungen (vgl. Abschn. 1.34) streuen die Ergebnisse um etwa $\pm 25\%$ um einen Mittelwert. Ein Einfluß verschiedener legierter und unlegierter Werkstoffe des Kesselbaues, wie z. B. St 35.8, St 45.8, 15 Mo 3, 13 CrMo 4 4 und anderer, auf die Größe der Unrundheit konnte nicht festgestellt werden.

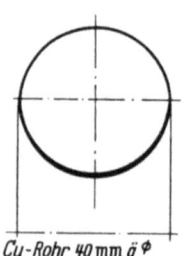

Cu-Rohr 40 mm ä ⌀
1 mm Wanddicke
Biegehalbmesser = 1·D_0
bez. Unrundheit: 0,063
Wahrer Abdruck

Abb. 2/43. Biegen mit Gliederdorn; 90°-Querschnitt

Wendet man Gliederdorne an, so können auch Rohre aus Werkstoffen höherer Dehnung wie Kupfer, Aluminiumlegierungen, Messing und andere mit annähernd kreisrunden Querschnittsformen zu sehr kleinen Biegehalbmessern gebogen werden. Dieses ist zweckmäßig, wenn man schwere Gußformstücke an Waschbecken, Badewannen od. dgl. durch gebogene Rohre ersetzen will. Abb. 2/43 zeigt annähernd kreisrunde 90°-Querschnitte von Bögen aus weichem A-Kupfer nach DIN 1708 aus nahtlos gezogenen Rohren nach DIN 1754 mit einem Verhältnis $s_0/D_0 = 0{,}025$ und $R_{th}/D_0 = 1$ bei einer bezogenen Unrundheit von 6,3%.

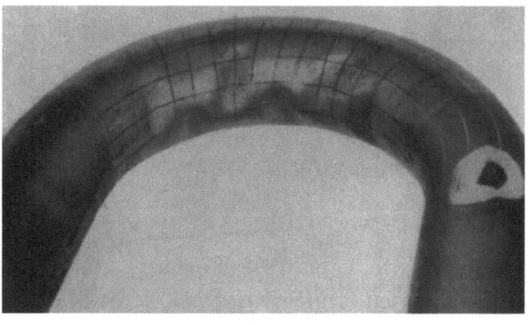

a b

Abb. 2/44 a u. b. Faltenbildung beim dornlosen Biegen dünnwandiger Rohre

Mit Hilfe des dornlosen Biegeverfahrens (Feld *2215*) lassen sich im wesentlichen dickwandige Rohre mit kreisförmigen Querschnitten biegen.

Bei dünnwandigen Rohren wird das Rohr im Bereich der Biegeform eingedrückt und faltig (Abb. 2/44).

2.21 Folgen der Veränderung des Ausgangsquerschnittes

Die Veränderung der Querschnittsform hat Einfluß auf den freien Durchflußquerschnitt, auf die weitere Veränderung des Querschnittes bei elastischer Verformung durch Biegemomente und auf das Festigkeitsverhalten der Rohre unter Innendruck.

Eine Veränderung des freien Durchflußquerschnittes kann einerseits durch die Abweichung des Rohrbogenquerschnittes von der Kreisform und andererseits durch die Verkleinerung des Rohraußendurchmessers auftreten. Beim Biegen mit Dorn (Feld *2214*) treten ausschließlich flachovale Formen gemäß Abb. 1/19 auf; vergleicht man den Querschnitt des ungebogenen Rohres mit dem des gebogenen unter Zugrundelegung einer Ellipse mit den Halbachsen $a = r_0 + c$ und $b = r_0 - c$ als angenäherte Querschnittsform, so ergibt sich, daß der eingefallene, elliptische freie Durchflußquerschnitt um den Betrag $\pi \cdot c^2$ kleiner ist als der des Kreisquerschnittes:

$$\pi \cdot r^2 - \pi \cdot (r_0 + c)(r_0 - c) = \pi \cdot c^2.$$

Die Abflachung eines kreisförmigen Bogenquerschnittes durch Biegemomente im Bereich elastischer Verformung hat FÖPPL [15] untersucht und findet, daß ihre Größe im elastischen Bereich in erster Linie von dem Verhältnis $R_{th} \cdot s_0 / r_a^2 = \lambda$ abhänge und daß man die Abflachungskurve als Ellipse ansehen könne. Der Wert λ kann bei dünnwandigen Rohren und sehr kleinen Biegehalbmessern klein werden und sich dem Wert Null nähern, während er für gerade Rohre unendlich groß wird. Um die sonst nur schwer durchführbare weitere rechnerische Untersuchung zu vereinfachen, hat FÖPPL eine Reihe von Annahmen aus der gewöhnlichen Biegetheorie gemacht (eben bleibende Querschnitte, keine Dehnung in Umfangsrichtung, gleichbleibende Wanddicke) und kommt so zu Näherungslösungen. Diese Annahmen sind bei den vorliegenden Bogenquerschnitten unzulässig, denn die tatsächlich vorhandene Querschnittsform weicht von der Kreisform ab, zu der noch die ungleiche Wanddickenverteilung hinzukommt.

Bei der am häufigsten vorkommenden Belastung von Rohren durch Innendruck wird der jeweils vorhandene Bogenquerschnitt aufgeweitet. Dabei entstehen Spannungshöchstwerte an den Stellen, an denen die Krümmung der inneren Umrißlinie des Querschnittes am meisten von der der Kreisform abweicht. Hierdurch wird das Ergebnis von Berstversuchen erklärlich, die mit Wasser und überhitztem Dampf als Druckmittel an Rohrbögen aus Stahl St 35.8 nach DIN 17175 mit den Maß-

38   2 Vorgänge im Rohr beim Biegen

verhältnissen $s_0/D_0 = 0{,}105$ und $R_{th}/D_0 = 1{,}32$ ausgeführt wurden. Dabei zeigte es sich, daß Rohre, deren Querschnitte von der Kreisform beträchtlich abwichen, im Bogen aufrissen, und zwar an der Stelle der kleinsten Krümmung der inneren Querschnitts-Umgrenzungslinie im Bereich von 20–40° Biegewinkel (Abb. 2/45). Diese Versuche wurden an Rohrbögen aus Rohren von 70, 76 und 83 mm ä. ⌀ mit dem gleichen Ergebnis wiederholt. Der Verfasser hat sich davon überzeugt, daß nicht etwa örtliche

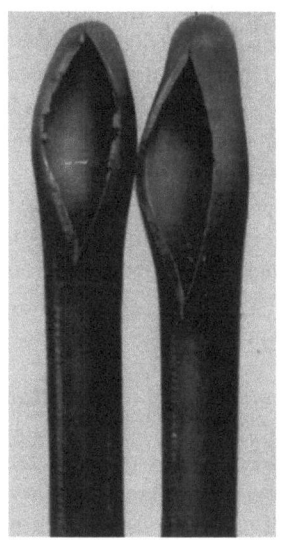

Abb. 2/45. Berstversuche: im Bogen aufgerissen

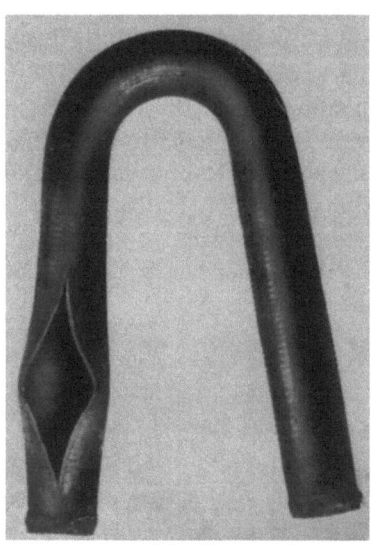

Abb. 2/46. Berstversuch: im geraden Rohr aufgerissen

Fehlstellen zum Aufreißen beigetragen haben, da außer der Querschnittsform auch Mängel des Vorproduktes wie z. B. Ziehriefen, Überlappungen, entkohlte Randzonen u. a. m. die Festigkeit von Rohrbögen beeinträchtigen können.

Demgegenüber rissen Rohrbögen mit annähernd kreisrundem Querschnitt nicht im Bogen selbst, sondern am anschließenden geraden Rohrteil (Abb. 2/46). Das bedeutet, daß die günstige Wirkung des doppelt gekrümmten Gewölbes (vgl. Abschn. 1.33) zusammen mit der Verfestigung des gestreckten Werkstoffteiles die Schwächung der Wandung im Bogen wettmachen.

An Bögen aus Stahlrohren (St 35.8) mit 38 mm äuß. ⌀ und 4 mm Wanddicke wurde die Aufbiegung unter Innendruck für verschiedene Biegehalbmesser und Innendrücke bis 250 atü untersucht. Abb. 2/47 zeigt, daß die Auffederung linear mit dem Innendruck wächst, wobei die Größe

2.2 Querschnittsformen

der Aufbiegung mit kleiner werdendem Biegehalbmesser anwächst. Die lineare Abhängigkeit war aus der elastischen Spannungstheorie zu erwarten. Aus diesen Kurven kann man Federzahlen ableiten, die praktische Bedeutung haben.

Da die Festigkeit des Rohres gegen Innendruck – die häufigste Belastung, der Rohre im Betrieb ausgesetzt sind – um so besser ist, je mehr sich der Rohrquerschnitt der Kreisform nähert, wurde als Kriterium für die Güte eines Bogens die Abweichung des Rohrquerschnittes an der am stärksten verformten Stelle des Bogens von der Kreisform eingeführt.

2.22 Grenzen für die Unrundheit

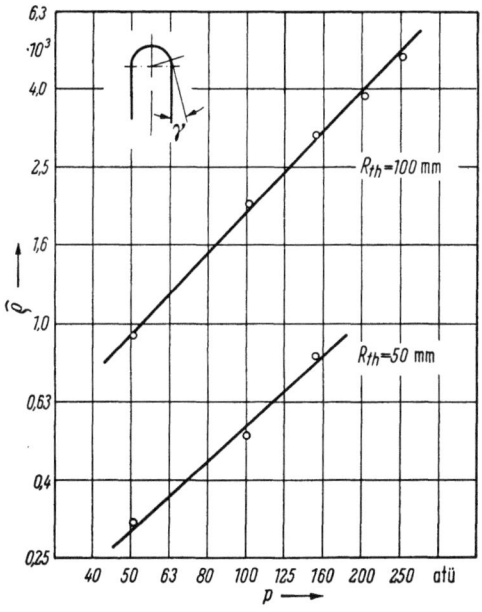

Abb. 2/47. Auffederungswinkel γ bei Belastung durch Innendruck; Rohr 38 mm ä. ⌀ × 4 mm Wanddicke, Biegehalbmesser: 50 mm und 100 mm, Werkstoff: St 35.8

Für die Fertigung muß man die Frage stellen, wo die Grenzen für die zulässige Unrundheit liegen. Als Kriterium können die Folgeerscheinungen unrunder Querschnitte herangezogen werden, die im Abschn. 2.21 zusammengestellt sind. Von ihnen scheint dem Verfasser die Festigkeit gegen Innendruck die wichtigste zu sein. Da eine Berechnung infolge der von der Ellipse abweichenden Querschnittsform, der unterschiedlichen Wanddicke und Festigkeit nicht möglich ist, schlägt der Verfasser Versuche vor, in denen der Einfluß von Unrundheit, Querschnittsform, Wanddickenverteilung und Verfestigungserscheinungen auf das Festigkeitsverhalten vor allem auf Rohrbogen mit sehr kleinem Biegehalbmesser von etwa $\leq 1{,}5 \cdot D_0$, die auf kaltem Wege nach dem Dornbiegeverfahren (Feld *2214*) bzw. durch Biegen ohne Dorn (Feld *2215*) hergestellt sind, vor.

Die Berstversuche im vorigen Abschnitt zeigten, daß Rohrbogen, die den z. Z. gültigen Vorschriften genügen, festigkeitsmäßig schlechter sein können als die geraden Rohre.

Aus den obigen Betrachtungen kann man schließen, daß die stärkere Begrenzung der zulässigen Unrundheit von durch Innendruck belasteten Rohrbögen, wie sie die VGB in Anpassung an die neueren technischen

40   2 Vorgänge im Rohr beim Biegen

Erkenntnisse und an die verbesserten Herstellungsverfahren in den letzten 10 Jahren vorgenommen hat, richtig und notwendig waren. Darüber hinaus hält der Verfasser auf Grund seiner Berstversuche eine weitere Herabsetzung der größten zulässigen Unrundheit für Rohrschlangen von 10% auf 8% für ratsam, solange nicht genauere Grenzwerte im Versuch bestimmt sind. Daß diese Maße fertigungstechnisch einzuhalten sind, wurde bereits in den vorhergehenden Abschnitten gezeigt.

2.3 Verfestigungserscheinungen

Zum Nachweis der an sich bekannten Erscheinung der Werkstoffverfestigung bei bildsamer Kaltumformung, die ihrerseits wieder eine Versprödung zur Folge hat, wurde der Härteverlauf längs eines Rohr-

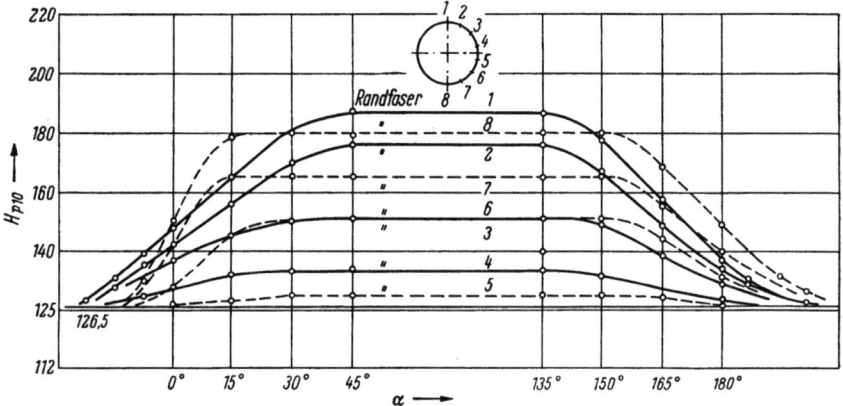

Abb. 2/48. Verfestigung längs des Bogens; Biegen mit Stützdorn (Verfahren 2214)

bogens aus Stahl St 35.8 mit den Abmessungen 44,5 mm ä. $\varnothing$, 4,5 mm Wanddicke und $R_{th} = 80$ mm untersucht. Abb. 2/48 zeigt den Verlauf längs des Bogens und bestätigt die Beobachtungen, daß große Teile der an den Bogen beiderseits anschließenden geraden Rohrschenkel an dem Umformvorgang teilnehmen. Abb. 2/49 stellt die Härteverteilung im 90°-Bogen dar. Während im Bereich der nur elastisch verformten ungelängten Schicht die Ursprungshärte des Werkstoffes zu finden ist, steigt die Härte in der Zug- und Druckzone mit wachsender bildsamer Verformung und erreicht ihren Höchstwert in den jeweiligen Randzonen. Längs des Bogens betrachtet, erreicht die Verfestigung ihren Höchstwert bei etwa einem Winkel von $\xi \cong 30°$, d.h. also in dem gleichen Gebiet, in dem auch die anderen Übergangsvorgänge im wesentlichen abgeschlossen sind (vgl. Abschn. 2.11).

3.1 Das Verfahren   41

Die Verfestigung des Werkstoffes wirkt sich auch merkbar auf die Größe des von der Biegemaschine aufzubringenden Biegemomentes aus, das ebenfalls seinen Höchstwert nach etwa 30° Biegewinkel erreicht.

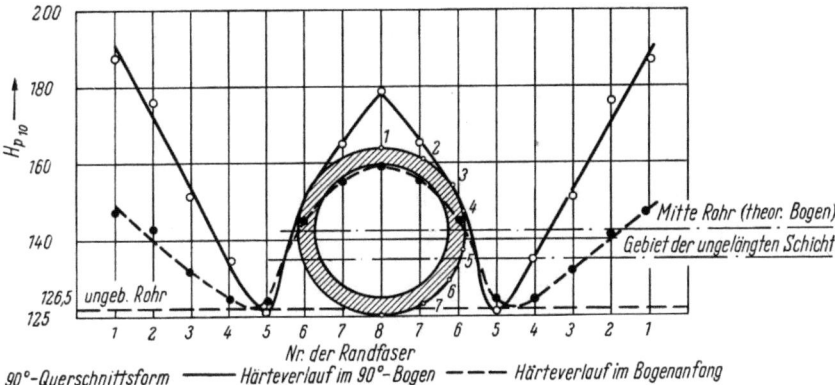

Abb. 2/49. Härteverlauf; Biegen mit Stützdorn (Verfahren *2214*), Rohr 44,5 mm ä. ⌀ × 4 mm Wanddicke, Biegehalbmesser: 80 mm, Werkstoff: St 35.8

3 Das Biegen mit Stützdorn

3.1 Das Verfahren

Der Biegevorgang gehört zur Gruppe des Umformens mittels äußerer Momente und Querkräfte bei wanderndem Kraftangriff nach Feld *2214* des Schemas gemäß Abb. 1/8.

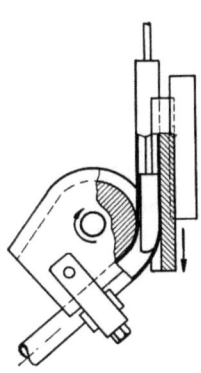

Abb. 3/50. Biegen mit Stützdorn; Schema

Abb. 3/51. Biegen mit Stützdorn; Beispiel für Werkzeugausführung (Fa. Banning A.-G., Hamm)

Das gerade Rohr wird zunächst über einen ortsfesten oder beweglichen Dorn geschoben, dessen Lage zur Biegeachse einstellbar ist. (Abb. 3/50 und 3/51). Mittels einer geeigneten Spannvorrichtung wird der gerade bleibende Schenkel des zu biegenden Rohres in dem Werkzeug, der sogenannten Biegeform, befestigt, deren halboffener Hohlraum dem Außendurchmesser des Rohres entspricht. Diese Biegeform ist mit einem

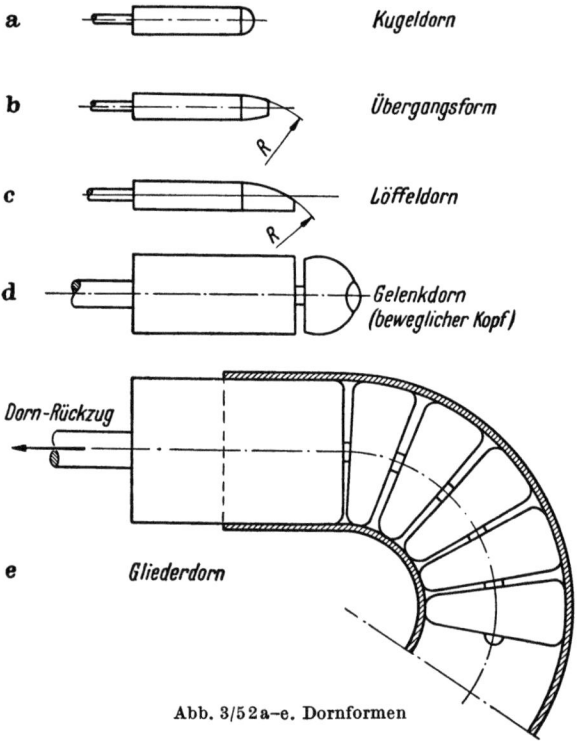

Abb. 3/52 a–e. Dornformen

sich drehenden Biegetisch fest verbunden. Als Widerlager dient eine Gleitschiene, die während des Biegevorganges in einer Führung wandert, Gegenrollen od. ä. Indem die Biegeform, Gleitschiene bzw. Gegenrollen das Rohr je zur Hälfte umfassen, wirken sie durch Formschluß einem Ovalwerden desselben entgegen. Infolge der Reibung zwischen Dorn und Rohrinnenwand tritt als Nebenerscheinung eine zusätzliche Zugbeanspruchung in der Biegeebene auf. Ihre Größe ist vom Reibungskoeffizienten zwischen Dorn und Rohrinnenwand und der normal auf das Rohr wirkenden Gleitschienenkraft abhängig. Das sich hieraus ergebende Moment $M = \mu \cdot P \cdot R_{th}$ vergrößert das erforderliche Biegemoment M_b.

Die Dorne können verschiedene Formen haben (vgl. Abb. 3/52) und je nach ihrem Verwendungszweck ihre Lage während des Biegevorganges zur Umformzone (Biegestelle) beibehalten oder verändern. Bei den im folgenden dargestellten Untersuchungen wurden vergleichsweise Löffel- und Kugeldorne mit und ohne Schmierung verwendet. Das Spiel zwischen Dorndurchmesser und Nenninnendurchmesser des Rohres richtete sich nach der Toleranz des Rohrinnendurchmessers und wurde so gewählt, daß sich in jedem Falle ein Kleinstspiel von etwa 1 mm ergab. Die durch die Rohrtoleranzen bedingten Streuungen der Spiele waren neben anderen Eigenschaftsschwankungen (vgl. Abschn. 1.34) Ursache für die bei den Untersuchungen beobachteten beträchtlichen Streuungen. Die Ergebnisse sind deshalb als Richtwerte aufzufassen.

3.2 Versuchsplanung und -durchführung

Um vor allem für die Rohrabmessungen des Kessel- und Rohrleitungsbaues Unterlagen über die Grenzverhältnisse hinsichtlich des mit dem Dornbiegeverfahren ohne Faltenbildung und unter Einhaltung der größten zulässigen Unrundheit erreichbaren kleinsten Biegehalbmessers zu erhalten, wurde das in Abb. 3/53 eingerahmte Gebiet (ausgezogene Linie) erfaßt. Dieses Gebiet wird begrenzt: einmal durch die im Kessel- und Rohrleitungsbau üblicherweise verwendeten kleinsten und größten Rohraußendurchmesser, zum andern durch die „Normalwanddicke" nach DIN 2448 als untere und das Verhältnis $s_0/D_0 = 0{,}06$ als obere Wanddickenbegrenzung. Innerhalb dieses Gebietes war weiterhin der Einfluß der verschiedenen legierten und unlegierten Werkstoffe von Interesse sowie die an den Biegemaschinen auftretenden Kräfte und Momente.

Die Durchführung dieses Versuchsprogrammes setzte das Vorhandensein zahlreicher, teilweise sehr kostspieliger Biegewerkzeuge voraus, da ja zu jedem Rohrdurchmesser und zu jedem Biegehalbmesser andere Biegeformen, Gleitschienen usw. gehören und für jede Wanddicke bei gleichem Rohrdurchmesser andere Stützdorne erforderlich sind. Daher konnten nur jeweils die im Rahmen einer laufenden Fertigung hergestellten und eingesetzten Werkzeuge verwendet werden. Doch gelang es, innerhalb eines Zeitraumes von 6 Jahren, das interessierende Gebiet vollständig zu erfassen.

Für die Untersuchungen standen im Laufe der Jahre zahlreiche Biegemaschinen verschiedener Hersteller und unterschiedlicher Typen und Größen zur Verfügung, deren Arbeitsbereich sich überschnitt und so die Möglichkeit gegenseitiger Kontrolle gab. Dabei ergab sich auch von selbst eine Ausdehnung des Versuchsprogrammes auf die dem eingerahmten Feld in Abb. 3/53 benachbarten Gebiete. Auch konnten einige weitere Werkstoffe, wie z.B. solche hoher Dehnbarkeit, rostfreie Stähle u.a.m., in die Untersuchungen einbezogen werden.

44 3 Das Biegen mit Stützdorn

Die Messungen von Einzelkräften erfolgte für einige typische Beispiele unter Verwendung einer 10 Mp Druckmeßdose. Des weiteren wurde der

Abb. 3/53. Versuchsplanung

Einfluß von Dornform und -stellung auf das Gesamtmoment und die bezogene Unrundheit untersucht. Die Ermittlung des Gesamtmomentes erfolgte über die Leistungsaufnahme der Maschine unter Berücksichtigung der Motor- und Maschinenwirkungsgrade. Zwar ist die direkte Messung von Momenten richtiger und genauer; wenn man sich aber den Untersuchungszeitraum vergegenwärtigt und die Tatsache, daß die Untersuchungen während der laufenden Fertigung erfolgen mußten, berücksichtigt, ferner sich vor Augen hält, daß die Summentoleranz der Eigenschaftsschwankungen (vgl. Abschn. 1.34) größer ist als die möglichen Fehler bei der Ermittlung des Biegemomentes über die Antriebsleistung einer Maschine, so scheint die indirekte Messung in diesem Falle zulässig zu sein.

3.3 Einfluß der Dornform und -stellung

Im folgenden werden zwei verschiedene Dornformen beim Biegen eines Stahlrohres aus St 35.8 mit den Abmessungen 60 mm ä. ⌀, 3,3 mm Wanddicke und Biegehalbmesser 180 mm bei gleichbleibender Biege-

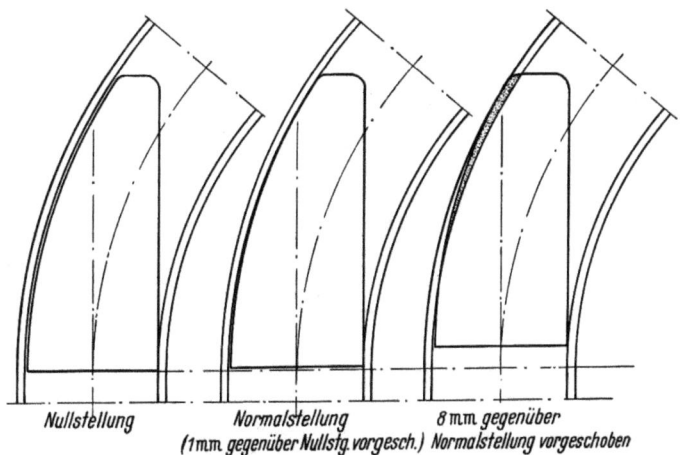

Abb. 3/54. Löffeldorn im Rohr

winkelgeschwindigkeit $\omega = 0,117$ sek^{-1}, und zwar Kugel- und Löffeldorn, hinsichtlich ihrer Wirkung auf das erforderliche Gesamtmoment bei verschiedenen Stellungen im Rohr untersucht. Hierbei wird unterschieden zwischen Nullstellung und Normalstellung. Als Nullstellung wird die Lage gemäß Abb. 3/54—55 bezeichnet, gegenüber der die Normalstellung beim Biegen um 1 mm beim Löffeldorn und um 12 mm beim Kugeldorn vorgeschoben ist. Des weiteren wurde der Einfluß der Schmierung auf das Gesamtmoment untersucht (als Schmiermittel diente Shell Bohr- und Ziehfett) und für beide Dornarten die bei den verschiedenen Dornstellungen sich ergebenden bezogenen Unrundheiten ermittelt.

46   3 Das Biegen mit Stützdorn

Die Ergebnisse dieser Untersuchungen sind in den Abb. 3/56–61 dargestellt. Beim Vergleich der Kurven, in denen jeweils Gesamtmoment, Dornzug und bezogene Unrundheit für Löffel- und Kugeldorn mit und

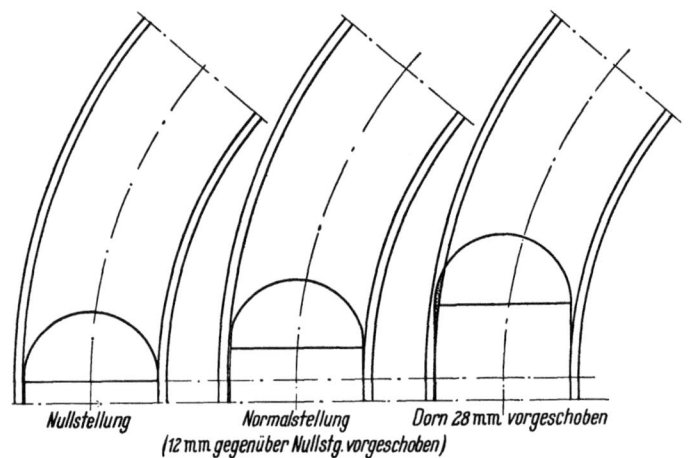

Abb. 3/55. Kugeldorn im Rohr

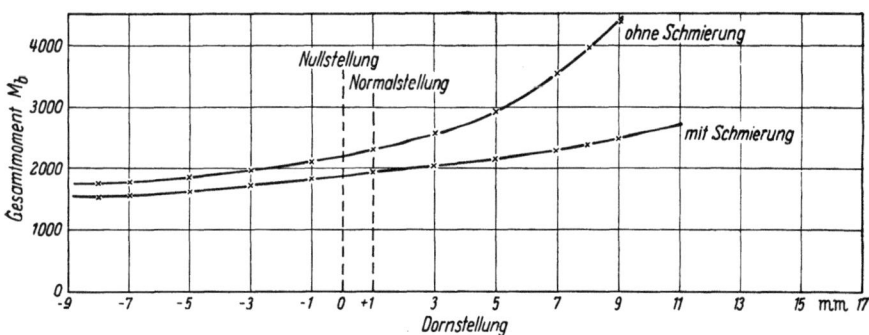

Abb. 3/56. Löffeldorn; Gesamtmoment bei verschiedenen Dornstellungen

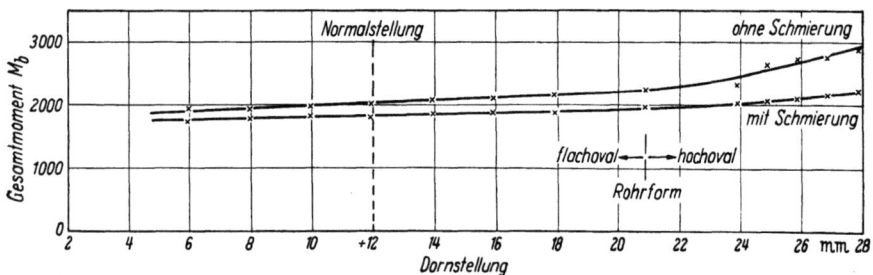

Abb. 3/57. Kugeldorn; Gesamtmoment bei verschiedenen Dornstellungen

ohne Schmierung bei verschiedenen Abweichungen von der Normalstellung gegenübergestellt sind, ist zu erkennen, daß der Kugeldorn viel unempfindlicher sowohl gegen falsche Einstellung als auch gegen mangelhafte Schmierung ist als der Löffeldorn. Ein Fortfall der Schmierung ver-

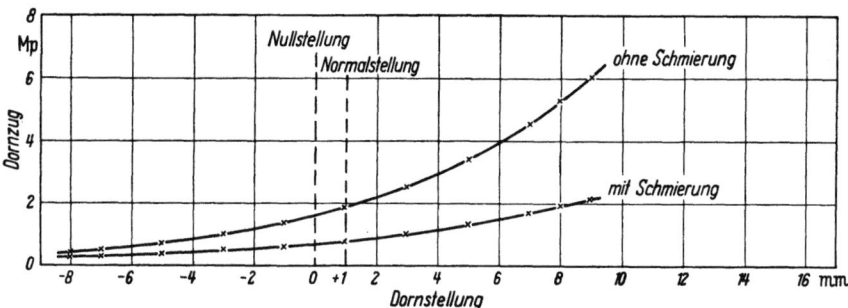

Abb. 3/58. Löffeldorn; Dornzug bei verschiedenen Dornstellungen

ursacht beim Kugeldorn eine weit geringere Erhöhung des Gesamtmomentes als beim Löffeldorn. Dies ist mit der geringeren Stützfläche und damit Reibungsfläche des Kugeldornes zu erklären. Die Verwendung von Kugeldornen wirkt sich damit in einer wesentlichen Entlastung der Maschine aus und hat, wie beim Vergleich der Abb. 3/60 und 3/61 untereinander zu erkennen ist, keine Nachteile hinsichtlich der sich ergebenden

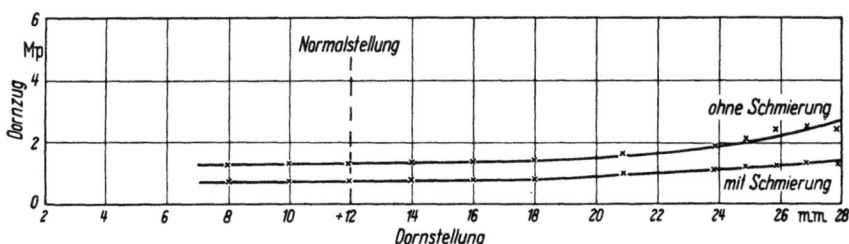

Abb. 3/59. Kugeldorn; Dornzug bei verschiedenen Dornstellungen

bezogenen Unrundheit. Eine Schmierung ist in jedem Falle zu empfehlen, da sie ebenfalls die Maschine entlastet und den Verschleiß der Dorne verringert. Bei Biegemaschinen, deren Arbeitsablauf automatisch oder halbautomatisch gesteuert wird, ist eine Schmierung des Dornes an seiner Reibfläche (Stützfläche) durch die hohle Dornstange hindurch zu empfehlen. Der Zeitpunkt der Schmierung kann ebenfalls im Rahmen des Gesamtarbeitsablaufes selbsttätig gesteuert werden.

Bei beiden Dornformen mit Schmierung zeigt sich zunächst ein allmählicher, gleichmäßiger Anstieg des Gesamtmomentes, je mehr man den Dorn über seine Normalstellung hinausschiebt. Das Vorschieben des

3 Das Biegen mit Stützdorn

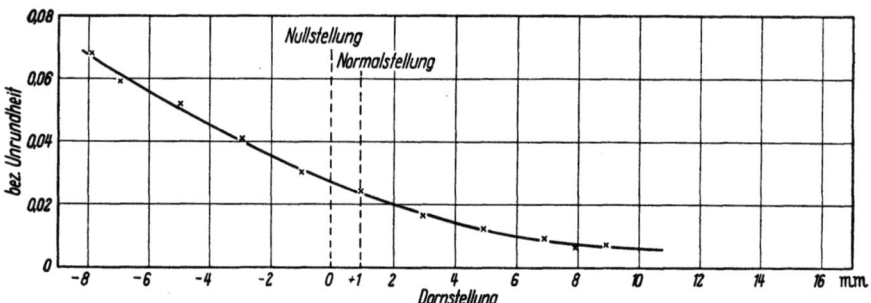

Abb. 3/60. Löffeldorn; bezogene Unrundheit bei verschiedenen Dornstellungen

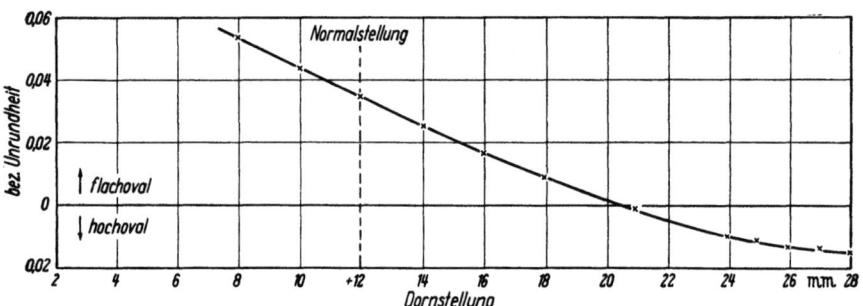

Abb. 3/61. Kugeldorn; bezogene Unrundheit bei verschiedenen Dornstellungen

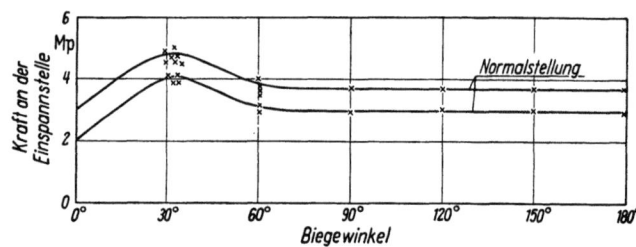

Abb. 3/62. Löffeldorn; Kraft an der Einspannstelle im Verlauf einer 180°-Biegung

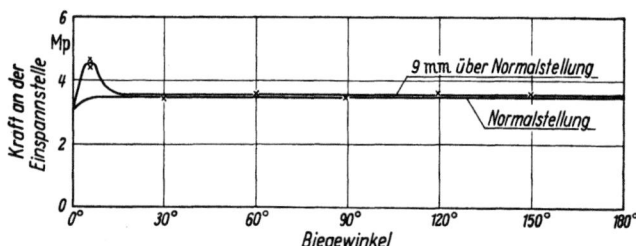

Abb. 3/63. Kugeldorn; Kraft an der Einspannstelle im Verlauf einer 180°-Biegung

3.3 Einfluß der Dornform und -stellung

Dornes vergrößert die Stützkraft und damit auch die Reibung, so daß schließlich das Gesamtmoment steiler ansteigt. Dabei wird jedoch der Verlauf der sich einstellenden bezogenen Unrundheit immer flacher, so daß es sich auch im Hinblick auf die Belastung der Maschine, besonders, wenn sie im oberen Grenzgebiet ihrer Leistungsfähigkeit benutzt wird,

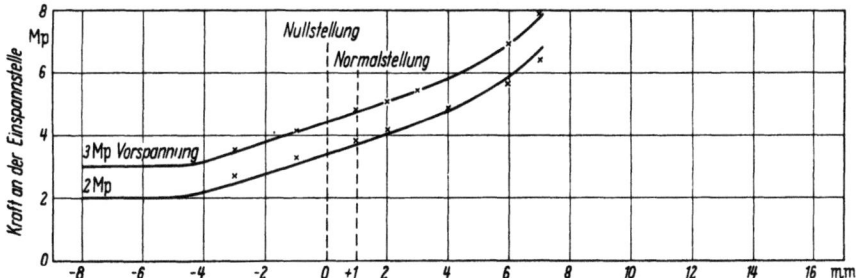

Abb. 3/64. Löffeldorn; Kraft an der Einspannstelle bei verschiedenen Dornstellungen

nicht lohnt, mit der Lage des Dornes weit über die Normalstellung hinauszugehen, in der Dornzug und Rohrform innerhalb der Streuung gleich sind. Es ist ferner von Bedeutung, daß das Rohr beim Biegen über einen Stützdorn nach Verfahren *2214* fest genug eingespannt wird, so daß es sich während des Biegevorganges nicht aus der Einspannstelle heraus-

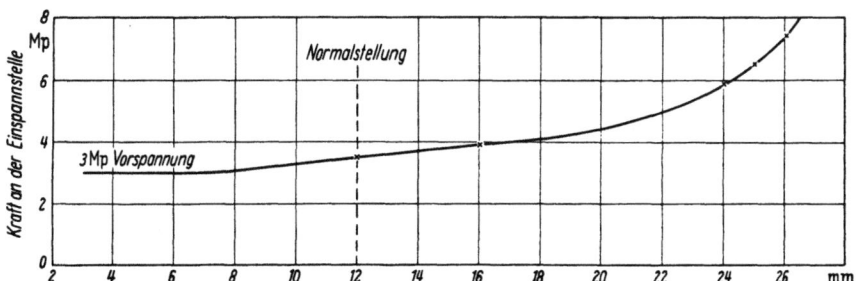

Abb. 3/65. Kugeldorn; Kraft an der Einspannstelle bei verschiedenen Dornstellungen

ziehen kann. Die Größe der Kraft an der Einspannstelle wurde ebenfalls mit Hilfe einer 10 Mp Druckmeßdose beim Biegen eines Stahlrohres aus St 35.8 mit den Abmessungen 60 mm ä. ⌀, 3,3 mm Wanddicke und 180 mm Biegehalbmesser ermittelt. Hierbei wurden Vorspannung und Dornstellung verändert und Größe sowie Verlauf der Einspannkraft während des Biegeablaufes beobachtet.

Abb. 3/62 zeigt zunächst den Verlauf der Einspannkraft, die im Bereich von etwa 30° Biegewinkel beim Löffeldorn und bei etwa 10° beim

Kugeldorn (Abb. 3/63) eindeutig Höchstwerte aufweist. Aus den Abb. 3/54 (c) und 3/55 (c) kann man den Grund für dieses Verhalten erkennen: Vorschieben gegenüber der Null- bzw. Normalstellung bedeutet ein Überschneiden von Dorn und äußerer Rohrbogenhälfte. Da die unnachgiebige Spannvorrichtung sich jedoch mit dem theoretischen Biegehalbmesser um die Biegeachse dreht, muß sich zwangsläufig ein stetiger Anstieg der Einspannkraft bis zu einem Höchstwert im Bereich der Dornspitze ergeben, der auf den für den Biegevorgang erforderlichen Wert zurückgeht, sobald die Einspannvorrichtung über den Bereich der Dornspitze hinweggekommen ist. Aus dem gleichen Grunde muß auch die für eine einwandfreie Einspannung erforderliche Kraft schnell ansteigen, wenn man den Dorn wesentlich über die Normalstellung hinausschiebt (Abb. 3/64–65).

3.4 Ermittlung der kleinsten Biegehalbmesser

Als Kriterium für einen einwandfreien Bogen wurde zugrunde gelegt:
völlige Faltenfreiheit an der Innenseite;
Begrenzung der Unrundheit des Bogenquerschnittes nach den für den deutschen Kesselbau verbindlichen Vorschriften der VGB (Vereinigung der Großkessel-Besitzer).

In der Praxis bezeichnet man im allgemeinen Rohre mit einem Verhältnis Wanddicke zu Außendurchmesser $\leq 0,06$ als dünnwandig, darüber hinaus als dickwandig. Der Verfasser konzentrierte die Versuche auf das interessantere und schwierigere Gebiet der dünnwandigen Rohre.

Faltenbildung setzt in der Regel nicht sofort bei Beginn einer Biegung ein, da der an der Innenseite des Bogens unter Druckspannung stehende Werkstoff in der Umformzone in Richtung des noch ungebogenen geraden Schenkels, d.h. entgegen der Drehrichtung der Biegeform, ausweichen kann. Erst mit fortschreitender Biegung tritt eine immer stärker werdende Faltenbildung ein (Knickvorgang). Es gibt zwei Möglichkeiten, diese Faltenbildung in gewissen Grenzen zu verhüten oder bereits gebildete Falten „auszubügeln". Im ersten Falle wird die Innenseite der Umformzone in Richtung des noch ungebogenen Rohrteiles abgestützt (Abb. 3/66), während bereits gebildete Falten durch Vorrichtungen ähnlich Abb. 3/67 beseitigt werden können: hier erhält der ringförmige Außenteil der Biegeform einen zusätzlichen Antrieb, so daß er sich schneller dreht als die Biegeform selbst. Für die Ausführung des Außenteils der Biegeform ist zu beachten, daß die Falten stets in gleicher Weise schräg gestellt sind wie die Rohrquerschnitte im Bogen selbst: er wird daher zweckmäßigerweise wellig ausgeführt, und zwar derart, daß die Wellen (Abb. 3/67) den Falten entgegengesetzt schräg gestellt werden. Beim Biegevorgang wird jetzt der Werkstoff in Richtung der sich drehenden

3.4 Ermittlung der kleinsten Biegehalbmesser

Biegeform und nicht mehr entgegengesetzt zu ihr weggedrückt und damit etwaige Falten „ausgebügelt"; dabei dient der Stützdorn, den die Gleitschiene in diesem Falle besonders stark an die Biegeform anzupressen hat, als Widerlager. Vorrichtungen dieser Art wurden bei den vorliegenden Untersuchungen nicht verwendet.

Bei Vorversuchen wurden zunächst nur feststehende Stützdorne nach Abb. 3/52a, b, c benutzt. Dornformen nach Abb. 3/52a, b bewährten sich im kritischen Bereich beginnender Faltenbildung besser als Löffeldorne, denn bei deren Verwendung setzt die Faltenbildung früher ein. Löffeldorne wurden daher bei den Hauptversuchen nicht mehr benutzt. Ferner wird auf die in Abschn. 3.33 dargestellten Untersuchungen verwiesen.

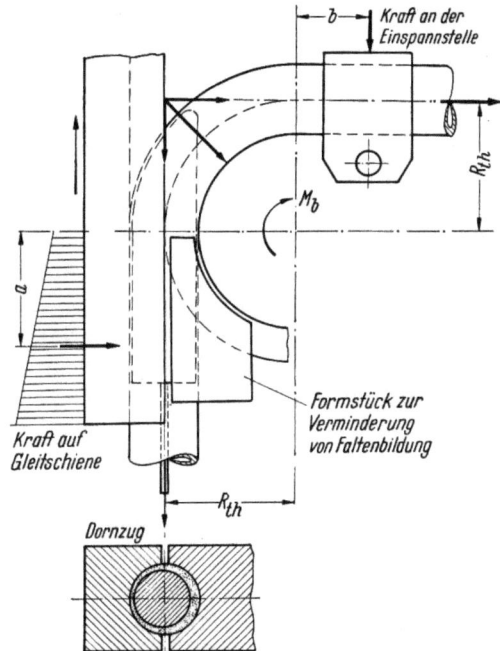

Abb. 3/66. Maßnahmen gegen Faltenbildung

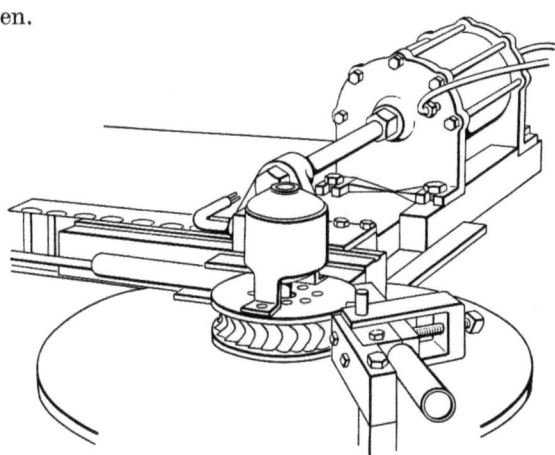

Abb. 3/67. Maßnahmen gegen Faltenbildung (amerikanisches Patent)

Mit diesen Werkzeugen wurden Rohre aus verschiedenen unlegierten und legierten Stählen des Kessel-, Apparate- und Rohrleitungsbaues

(St 35.8 – St 45.8 – 15 Mo 3 – 13 CrMo 4 4 – V 2 A – V 4 A) auf Maschinen verschiedener Herkunft und Größe untersucht, und zwar so, daß bei einem gegebenen Biegehalbmesser Rohre mit immer geringeren Wanddicken unter entsprechender Anpassung des dazugehörigen Stützdorndurchmessers verwendet wurden, bis Faltenbildung einsetzte. Dabei stellte es sich heraus, daß es leichter war, Grenzen der Unrundheit einzuhalten, als Faltenbildung zu vermeiden.

Nun sind mit Werkstoffen größerer Dehnungsfähigkeit auch kleinere Biegehalbmesser erreichbar, wenn man von festen Stützdornen auf bewegliche übergeht; das sind solche, die während oder nach der Biegung mittels einer Rückzugsvorrichtung aus dem Bogen gezogen werden. Man kann z. B. Gliederdorne nach Abb. 3/52e verwenden, die den Rohrquerschnitt über den gesamten Biegebereich abstützen, d. h. also, mit dem Rohr zusammen gebogen werden. Nach beendetem Biegevorgang zieht man dann den Gliederdorn aus dem Bogen heraus, wobei die Querschnittsform des Bogens korrigiert werden kann. Daher wurden auch

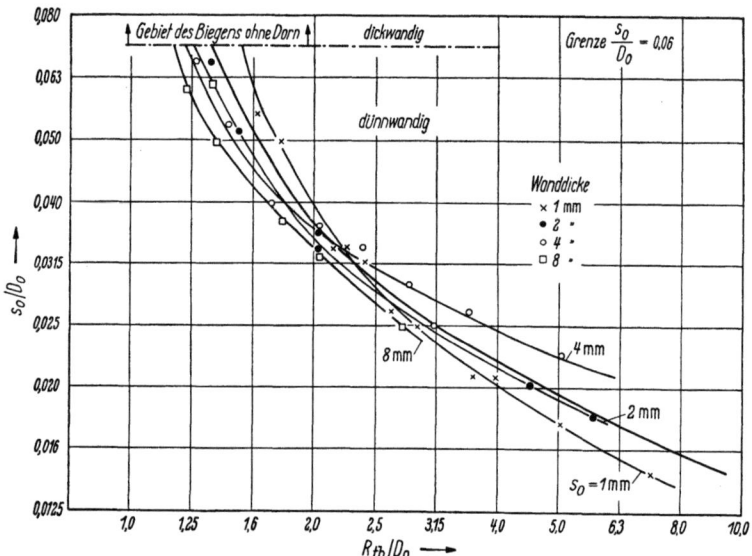

Abb. 3/68. Dornbiegen (Stahl); Grenzen der Faltenbildung

Kupferrohre nach DIN 1754 aus weichem A-Kupfer nach DIN 1718 sowie Messingrohr nach DIN 1755 aus MS 63w mit solchen Gliederdornen untersucht.

Die Grenze der Faltenbildung für Stahlrohre ist in Abb. 3/68 in dimensionsloser Darstellung mit dem Biegehalbmesser als einem Vielfachen des Rohraußendurchmessers als Abszisse und dem Verhältnis

3.4 Ermittlung der kleinsten Biegehalbmesser

Nennwanddicke zu Rohraußendurchmesser als Ordinate angegeben. Diese Darstellung ist unter der nach SIEBEL zulässigen Voraussetzung mechanischer Ähnlichkeit zwischen Kräften, Abmessungen und Umformgraden sinnvoll. Für die verschiedenen Rohrwanddicken wurden eng aneinanderliegende Kurvenzüge gefunden. Bei der Beurteilung muß man sich jedoch darüber im klaren sein, daß Werkstoffbeschaffenheit, Herstellungstole-

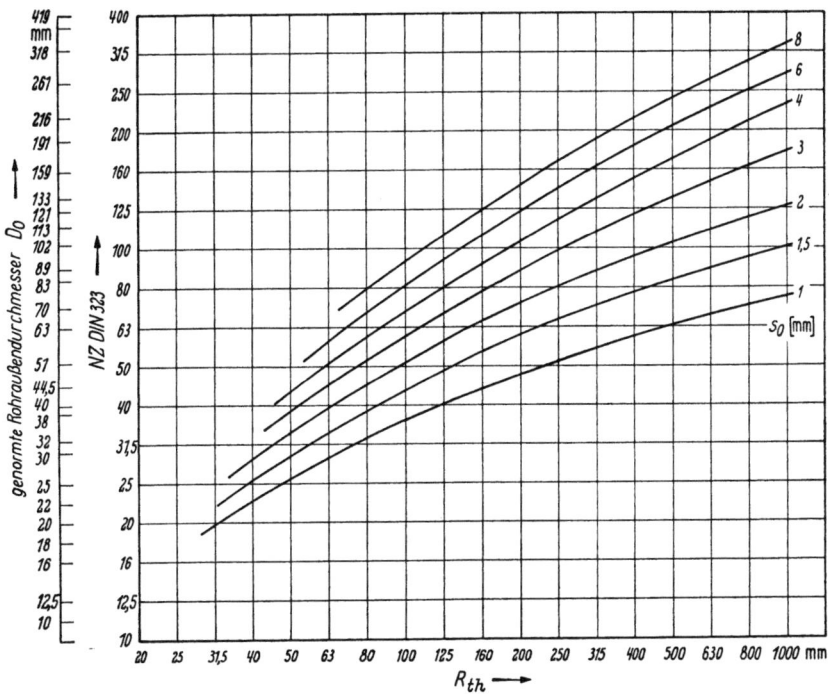

Abb. 3/69. Dornbiegen (Stahl); kleinste erreichbare Biegehalbmesser

ranzen, gewisse unbeeinflußbare Unterschiede beim Biegevorgang selbst u.a.m. erhebliche Streuungen verursachen können (vgl. Abschn. 1.34). Allein im Hinblick auf die Tatsache, daß kein Rohr dem anderen gleicht, sind verfeinerte Untersuchungen auf diesem Gebiet wenig sinnvoll. Es erscheint daher vertretbar, die gefundene Kurvenschar zusammenzufassen und diese den weiteren Betrachtungen zugrunde zu legen. Sie gibt den Zusammenhang wieder, in welchem Maße der Biegehalbmesser vergrößert werden muß, wenn bei gleichbleibender Wanddicke der Rohrdurchmesser wächst bzw. wenn man bei gleichbleibendem Rohrdurchmesser die Wanddicke verringert. Zeichnet man das Kurvenblatt Abb. 3/68 nach der Art von Abb. 3/69 um, so kann man für eine gegebene Rohrabmessung den kleinsten Biegehalbmesser unmittelbar entnehmen oder die erforderliche Mindestwanddicke ablesen, wenn man ein Rohr mit einem bestimmten Halbmesser faltenlos biegen will.

Die Grenze des Kaltbiegens nach diesem Verfahren für die o. a. Kupfer- und Messingrohre zeigt Abb. 3/70. Der Verlauf ist für die Wand-

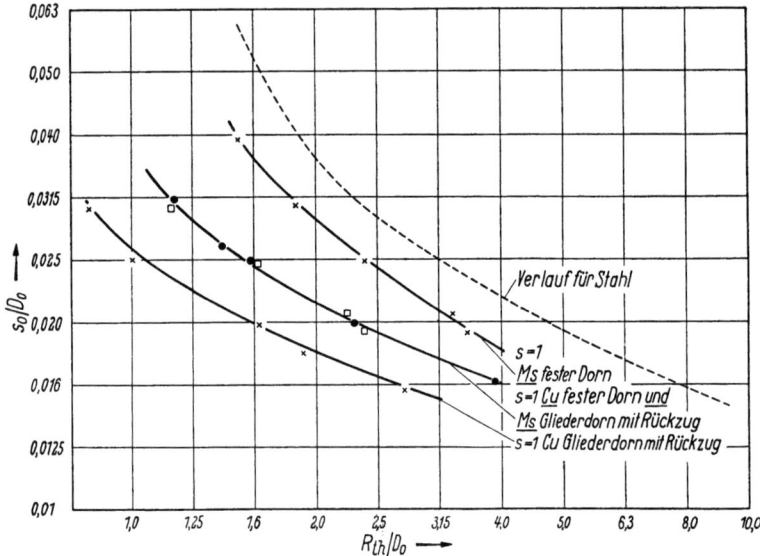

Abb. 3/70. Dornbiegen (Cu und Ms); Grenzen der Faltenbildung

dicke $s_0 = 1$ mm praktisch der gleiche wie bei den Stahlsorten. Demnach kann Abb. 3/69 auch für diese Werkstoffe und auch für bewegliche Dorne verwendet werden, wenn man die Diagrammwerte R_{th} mit den folgenden Faktoren multipliziert:

	fester Dorn	bewegl. Dorn mit Rückzug
nahtlos gez. Messingrohr nach DIN 1755 aus MS 63 w	0,8	0,5
nahtlos gez. Kupferrohr nach DIN 1754 aus weichem A-Kupfer nach DIN 1708...	0,5	0,35

3.5 Rückfederung

Im Abschn. 2.2 wurde auf die Querschnittverformung im Rohrbogen unter dem Einfluß von Normalkräften als radialen Komponenten der Biegelängsspannungen hingewiesen. Ferner wurden die Gründe für das Rückfedern eines Bogens bei Entlastung, d. h. bei Wegnahme der äußeren

3.5 Rückfederung

Kräfte, im Abschn. 1.32 angegeben, wobei die Restspannungen nach Herstellung des inneren Gleichgewichtes den Verfahrensspannungen entgegengesetzt sind. Die Größe der Rückfederung hängt in erster Linie vom Verhältnis R_{th}/D_0 ab, in zweiter Linie von der Wanddicke und – vor allem bei großen Biegehalbmessern – von der Kraft, mit der die Gleitschiene beim Biegen über einen Stützdorn angedrückt wird. Sie ist über-

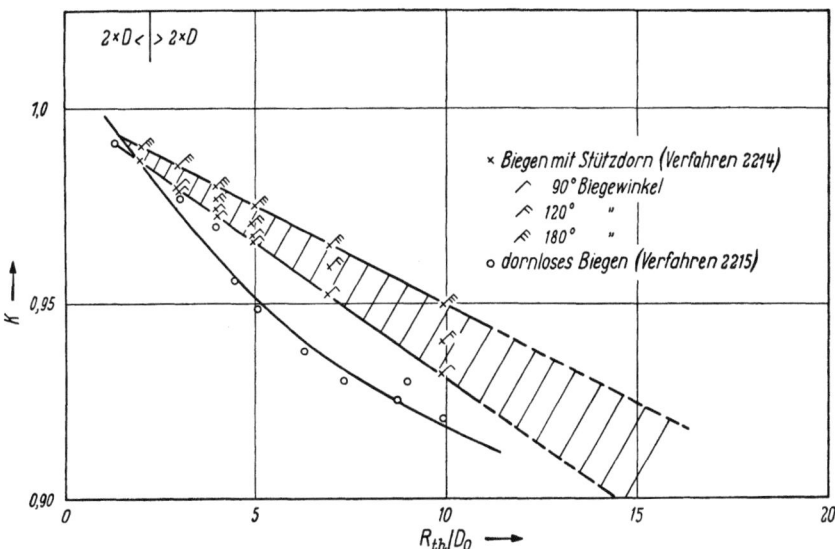

Abb. 3/71. Rückfederungsverhältnis

dies für jeden Rohrwerkstoff verschieden. Für den Stahl St 35.8 wurde das Rückfederungsverhältnis K nach Abb. 3/71 durch Biegeversuche ermittelt. Auch hier sind gewisse Streuungen der Versuchspunkte – auf die Gründe für die beim Rohrbiegen zu erwartenden Streuungen wurde im Abschn. 1.34 hingewiesen – zu beobachten. Innerhalb des Streugebietes ist jedoch eine Abnahme der Rückfederung mit dem Biegewinkel erkennbar.

Im gleichen Bild sind auch die Ergebnisse für das dornlose Biegeverfahren (Feld *2215*) eingetragen. Bei kleineren Verhältnissen R_{th}/D_0 (etwa unter 3) fällt die Größe des Rückfederungsverhältnisses K auch für dieses Verfahren in den unteren Bereich des Streugebietes für das Biegen mit Stützdorn. Im Gebiet höherer R_{th}/D_0-Werte wurde beim dornlosen Biegen jedoch eine größere Rückfederung festgestellt.

Eine Bestätigung durch weitere, umfassende Versuche erscheint erforderlich, da dieses Gebiet, abgesehen von den Untersuchungen von SCHWARK [*41*] für Bleche noch kaum erforscht ist.

3.6 Kräfte und Momente

Das Biegemoment M'_b kann aus der Beziehung

$$M_b = M'_b + P_D \cdot R_{th}$$

berechnet werden, wobei M_b das Gesamtmoment darstellt, das zum Biegen eines Rohres erforderlich ist und das sich aus dem reinen, zum Biegen erforderlichen Moment M'_b und dem zusätzlich aufzubringenden Moment aus der Zugkraft am Dorn (im folgenden Dornzug genannt) mal Biegehalbmesser zusammensetzt.

Das Gesamtmoment wurde in Abhängigkeit von der Rohrabmessung und der Biegegeschwindigkeit durch Messung der Leistungsaufnahme an

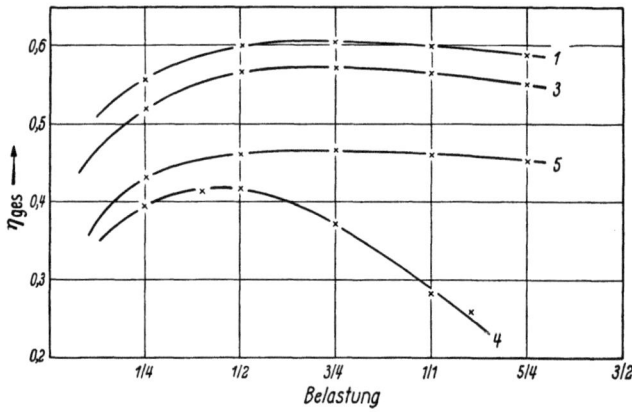

Abb. 3/72. Wirkungsgrade verschiedener Biegemaschinen (Maschine einschließlich Motor)

fünf verschiedenen Maschinen bestimmt. Bei der kleinsten Type (Maschine 1) zum Biegen von Rohren mit einem Widerstandsmoment bis zu 35 cm³ (nach Angabe des Herstellers) konnte der Gesamtwirkungsgrad des Maschinensatzes gemäß Abb. 3/72 durch Abbremsen mittels eines PRONYschen Zaumes festgestellt werden. Bei den größeren Typen wurde der Wirkungsgrad unter Belastung berechnet. Die berechnete Kurve kommt der Wirklichkeit nahe, da die Ausführungsform der großen Maschine der der kleinen Type ähnlich ist.

Der Einfluß der Verfahrensgrößen: Dornform, -stellung und -schmierung auf das Gesamtbiegemoment sowie die Kraft auf die Einspannung wurden bereits im Abschn. 3.33 behandelt. Hier wird der Einfluß der Rohrabmessung auf die Kräfte und Momente betrachtet. Dabei wurde der Dorn in Normalstellung gebracht und ausschließlich mit Dornschmierung gearbeitet. Da in dieser Stellung, wie aus den vorhergehenden Kurvenblättern Abb. 3/56–61 ersichtlich ist, sowohl Rohrform als auch Kräfte

3.6 Kräfte und Momente

und Momente innerhalb der Streuung für Kugel- und Löffeldorn gleich sind, konnten alle mit diesen beiden Dornformen gemessenen Ergebnisse zur Bestimmung des Einflusses der Rohrabmessung herangezogen werden. Die Ergebnisse wurden grundsätzlich über dem Widerstandsmoment W der untersuchten Rohrabmessungen aufgetragen.

Zuvor wurde geprüft, wie weit sich der Rohraußendurchmesser D_0 und die Wanddicke s_0 – jeder Einfluß für sich – einzeln auf das erforderliche

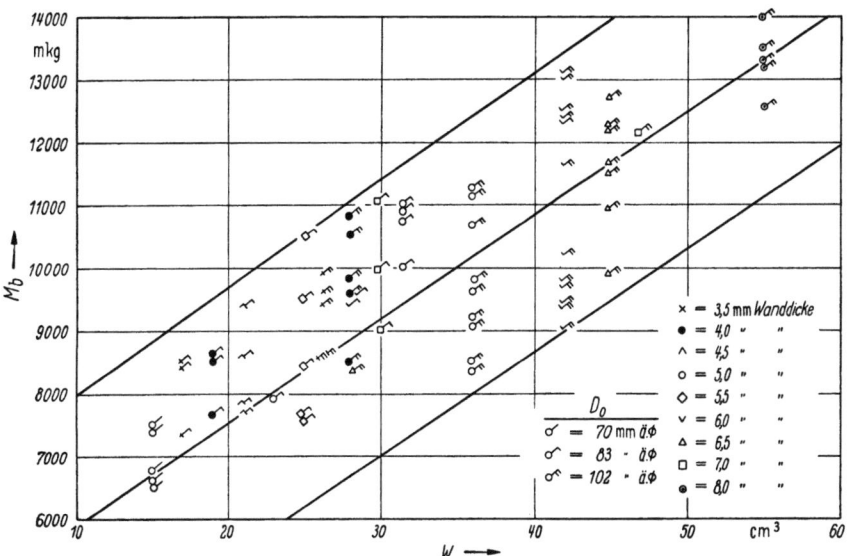

Abb. 3/73. Maschine 3; Einfluß von Durchmesser und Wanddicke auf das Gesamtmoment

Gesamtbiegemoment auswirken. Dazu wurden die Meßwerte in Abhängigkeit vom Widerstandsmoment aufgetragen (Abb. 3/73). Es zeigte sich jedoch daß die Streuung innerhalb der untersuchten Rohrabmessungen von 70/83/102 mm ä. ⌀ und Wanddicken von 3,5–8,0 mm zu groß ist, um Unterscheidungen zwischen den Einflüssen von Rohraußendurchmesser und Wanddicke machen zu können.

Auch der Einfluß des Biegehalbmessers auf das Gesamtmoment konnte wegen der beträchtlichen Streuungen qualitativ nicht erfaßt werden, doch lagen die bei kleineren Biegehalbmessern gewonnenen Meßwerte im oberen Bereich des Streufeldes, während die größeren im unteren Bereich lagen. Hierdurch bestätigt sich die an sich bekannte Tatsache, daß das erforderliche Gesamtmoment mit kleiner werdenden Biegehalbmessern geringfügig zunimmt.

Es scheint daher berechtigt, eine Näherungsbeziehung für das erforderliche Gesamtmoment nur vom Widerstandsmoment W abhängig zu machen. Die Ergebnisse der an verschiedenen Biegehalbmessern, Rohrabmessungen und Biegegeschwindigkeiten auf fünf verschiedenen Maschinen gewonnenen Einzelwerte für den Werkstoff St 35.8 wurden als Mittelwerte über dem Widerstandsmoment mit den Winkelgeschwindig-

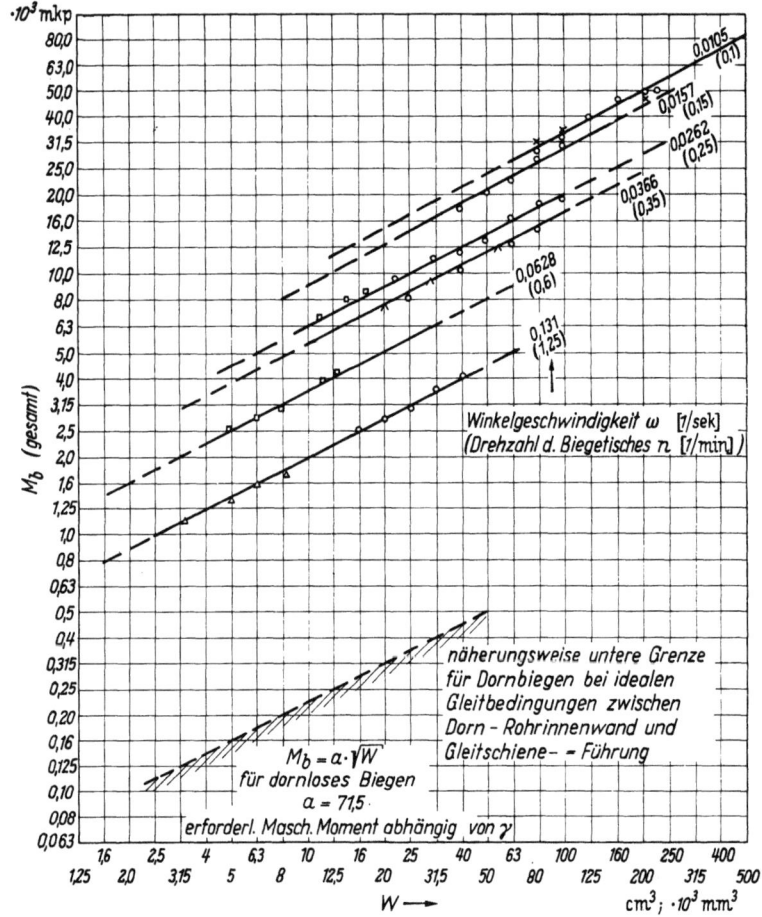

Abb. 3/74. Dornbiegen $R_{th} = 3 \cdot D_0$; erforderliches Gesamtmoment $M_b = a \cdot (\omega) \cdot \sqrt[3]{W}$, Wert $a \cdot (\omega)$ aus Abb. 3/75
Maschine 1: △; Maschine 2: □; Maschine 3: ∧; Maschine 4: ○; Maschine 5: ×;
Kurven geben Mittelwerte der Streuung, für Bemessung von Maschinen 20% zuschlagen, dornloses Biegen: erforderliches Maschinenmoment abhängig von γ (vgl. Abb. 4/91)

keiten des Biegetisches als Parameter aufgetragen (Abb. 3/74). Es zeigt sich ein linearer Anstieg des Gesamtmomentes mit dem Widerstandsmoment im doppelt logarithmischen System, wobei sich die Messungen gegenseitig wegen der teilweisen Überschneidung der Maschinen-Biegebereiche bestätigen, so daß die Ergebnisse für Biegegeschwindigkeiten verschiedener Maschinen, die sich nur geringfügig voneinander unterscheiden, zusammengefaßt werden konnten.

3.6 Kräfte und Momente

Von besonderem Interesse ist dabei, daß sich ein beträchtlicher Einfluß der Biegegeschwindigkeit herausstellt: Höhere Biegegeschwindigkeiten wirken sich in einer Abnahme des Gesamtmomentes aus. Dies ist auf die Abhängigkeit der Reibung – in erster Linie zwischen Rohrinnenwand und Dorn – von der Geschwindigkeit zurückzuführen, die in niedrigeren Reibungsfaktoren für höhere Geschwindigkeiten resultiert. Für die verschiedenen Biegegeschwindigkeiten ergibt sich somit eine Schar

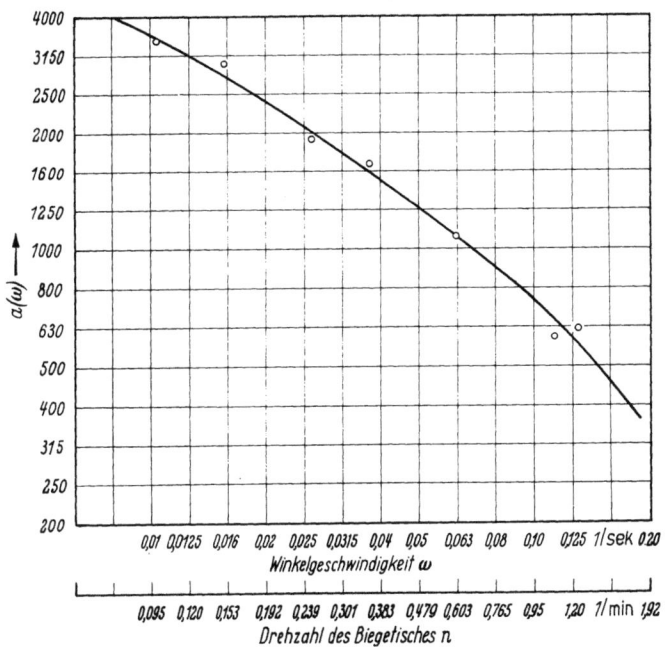

Abb. 3/75. $a(\omega)$

von parallel zueinander verlaufenden Geraden im doppelt logarithmischen System. Dadurch läßt sich für die Beziehung zwischen Biegemoment, Biegegeschwindigkeit und Widerstandsmoment der Ausdruck

$$M_b = a(\omega) \cdot \sqrt{W}$$

angeben. Der Faktor a, der den Einfluß der Biegegeschwindigkeit angibt, kann aus dem Kurvenblatt 3/75 entnommen werden.

Die Näherungsbeziehung gilt nach dem vorher Gesagten für:
Rohre aus Stahl St 35.8 ($\sigma_{B_{mittel}} = 40$ kp/mm²),
Löffel- und Kugeldorne in Normalstellung (geschmiert).

Um den Einfluß des Werkstoffes auf das Biegemoment kennenzulernen, wurde dieses in Abhängigkeit vom Widerstandsmoment an Rohren aus 13 CrMo 4 4 mit einer Zugfestigkeit von 44–56 kp/mm² ermittelt. Es ergaben sich dabei Biegemomente, die sich etwa im Verhältnis der mittleren Zugfestigkeit gegenüber den Werten nach Abb. 3/74 unterschieden. Es wäre jedoch richtiger, anstatt des Zugfestigkeitsverhältnisses die der jeweils geforderten Dehnung entsprechenden Festigkeitswerte aus den Fließ- bzw. Biegefließkurven einzusetzen. Solange jedoch Fließkurven für Kesselbaustähle noch nicht bestimmt wurden, muß die Zugfestigkeit zugrunde gelegt werden.

Das Kurvenblatt Abb. 3/74 kann als Grundlage für die Auslegung von Rohrbiegemaschinen dienen, doch ist dann ein Zuschlag von etwa 10 bis 20% auf die Werte für das Gesamtmoment zweckmäßig, um die zu erwartenden Streuungen nach oben zu berücksichtigen und die etwas höheren Werte bei Biegehalbmessern unter dem dreifachen Rohraußendurchmesser einzuschließen.

4 Das dornlose Biegen

Das Biegen von Rohren mit Stützdorn hat vor allem dort, wo es sich um dünnwandige Rohre mit einem $s_0/D_0 \leq 0{,}06$ handelt, seine Berechtigung. Im Gebiet dickwandiger Rohre, d. h. also mit einem $s_0/D_0 > 0{,}06$, hat das Dornbiegen an Bedeutung verloren, vor allem bei der Herstellung von Rohrschlangen aller Art im Kessel- und Apparatebau. Dafür sind folgende Gründe maßgeblich:

1. Die Forderung der Konstruktion nach immer kleineren Biegehalbmessern bei der Herstellung von Rohrschlangen ließ sich wegen des Zwanges zur Einhaltung der VGB-Vorschriften hinsichtlich der Begrenzung der Unrundheit nur schwer verwirklichen und machte das Dornbiegen unwirtschaftlich.

2. Das Bestreben der Rohrschlangen-Hersteller nach Rationalisierung und nach Ersatz der von Hand ausgeführten autogenen Schweißverbindung durch die von Automaten hergestellte elektrische Abbrenn-Schweißung führt zur Fertigung von geraden Rohrsträngen von gegebenenfalls mehreren 100 m, die dann fortlaufend zu Rohrschlangen der unterschiedlichsten Formen zu biegen waren. Das schließt die Anwendung des Dornbiegeverfahrens aus.

Diese Tatsachen, sowie die Forderung der Konstruktion nach kleinen Biegehalbmessern, zwang die Fertigung, ein Verfahren zu entwickeln, das es gestattete, auch ohne Stützdorn kleinste Biegehalbmesser unter Einhaltung der Qualitätsvorschriften herzustellen.

Der Fortfall der Möglichkeit, den Bogenquerschnitt von innen abzustützen, führte zwangsläufig dazu, anderweitig eine Stützkraft aufzubringen, und zwar von außen derart, daß sie das Einfallen des Bogenquerschnittes unter der Wirkung der Komponenten der Biegelängskräfte verhindert. Wie das im einzelnen geschieht, wird in den folgenden Abschnitten dargestellt.

4.1 Verfahren

Das dornlose Biegen nach Feld *2215* (Abb. 4/76–77) der Verfahrensordnung 1/8 gehört in die Klasse der Umformvorgänge mittels äußerer Momente und Querkräfte, und zwar in die Gruppe „wandernder Kraftangriff". Kennzeichnende Unterschiede gegenüber dem Biegen mit Stützdorn sind:

1. Das Werkstück ruht, während sich beim Biegen mit Stützdorn das Werkstück bewegt.

2. Während des ganzen Biegevorganges wirkt eine von außen auf das Rohr aufgebrachte Stützkraft den Normalkräften (Komponenten der Biegelängskräfte), die das Rohr flachdrücken, entgegen (Abb. 4/78). Beim Biegen mit Dorn stützt dieser den Querschnitt örtlich begrenzt von innen ab, und es ist nicht möglich, hier eine, während des ganzen Biegevorganges von außen wirkende, Stützkraft anzubringen.

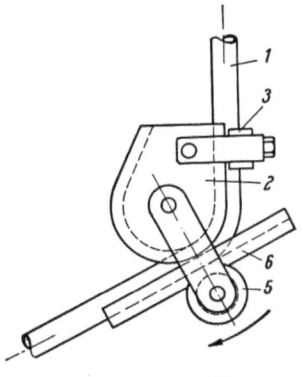

Abb. 4/76. Dornloses Biegen; Schema

3. Während des ganzen Biegevorganges ist es möglich, die Querschnittsform des Rohrbogens durch entsprechende Formgebung der

Abb. 4/77. Dornloses Biegen; Beispiel für Werkzeugausführung

Biegewerkzeuge zu beeinflussen, indem man Größe, Richtung und Angriffspunkt bzw. Angriffsfläche der Stützkraft verändert – beim Biegen mittels eines Stützdornes, der seine Lage zur Biegeachse während des Biegens beibehält, ist dies nur örtlich in sehr begrenztem Umfange möglich –. Nur Gliederdorne, die nach beendetem Biegevorgang aus dem Bogen herausgezogen werden, gestatten eine nachträgliche Korrektur der Bogenform.

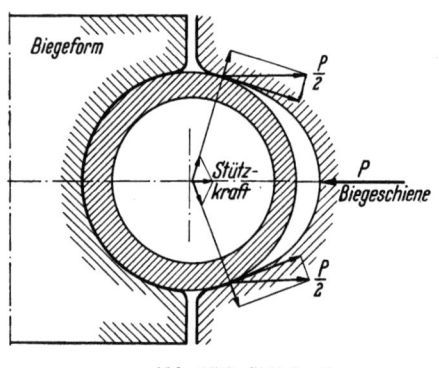

Abb. 4/78. Stützkraft

Abb. 4/76–77 zeigt das Verfahren schematisch und in der praktischen Durchführung. Danach wird das zu biegende Rohr *1* im geraden Teil einer seinem Außendurchmesser entsprechenden Halb-Hohlform *2* – der Biegeform – durch eine halbkreisförmig ausgearbeitete Spannbacke *3* befestigt. Dieser gerade Teil geht in einen kreiswulstförmigen über, in den das Rohr beim Biegen hineingedrückt wird. Dabei ist es im vollen Halbkreis der Druckzone seines Querschnittes geführt und muß daher die Form annehmen, die ihm von der Biegeform aufgezwungen wird. Der sich drehende Biegetisch *4* nimmt eine Rolle *5* auf. Beim Biegen wandert diese Rolle *5* um die feststehende Biegeform *2* und biegt den freien Schenkel des Rohres entweder unmittelbar – in diesem Falle ist die Rolle ebenfalls mit einem halbrunden Hohlprofil versehen – oder über eine Biegeschiene *6* entsprechender Form um die Biegeform herum.

4.2 Versuchsplanung und -durchführung

Die Untersuchungen über das dornlose Biegen erstreckten sich auf das in Abb. 3/53 gestrichelt eingerahmte Gebiet dickwandiger Rohre mit einem $s_0/D_0 > 0{,}06$. Hierbei waren die Untersuchungen nach zwei Richtungen zu führen: zunächst waren die Formen der Biegewerkzeuge schrittweise zu ändern und die erzielten Querschnittsformen zu beobachten, um die günstigsten Verhältnisse und Vorbedingungen für das dornlose Biegen herauszufinden. Danach waren die Grenzverhältnisse zu untersuchen, d. h., die Frage zu klären, welche kleinsten Biegehalbmesser sich mit dieser günstigsten Formgebung der Biegewerkzeuge noch faltenlos und unter Einhaltung der Begrenzungsvorschriften für die Unrundheit erreichen lassen und welche Mindestwanddicke hierfür jeweils erforderlich ist. Die Untersuchungen wurden auf verschiedene Werkstoffe des Kesselbaues sowie auf die Ermittlung von Einzelkräften und Leistungen ausgedehnt (vgl. hierzu die Ausführungen in Abschn. 3.2).

4.3 Verminderung der Unrundheit (Werkzeuge und Querschnittsformen)

Im Abschn. 2.2 war die Abplattung des Bogenquerschnittes als Folge der Einwirkung von Normalkräften betrachtet worden. Beim Biegen mit Stützdorn hat dieser die Aufgabe, die Abplattung durch Abstützen des Bogens von innen zu verhindern bzw. zu verringern. Beim Biegen ohne Dorn wird diese Aufgabe von einer außen auf das Rohr einwirkenden „Stützkraft" übernommen. Abb. 4/79 zeigt ein Werkzeug, wie es für die ersten Biegeversuche ohne Dorn an Rohren 38 mm ä. ⌀, 4 mm Wanddicke ($s_0/D_0 = 0{,}105$), $R_{th} = 60$ mm ($R_{th}/D_0 = 1{,}58$), verwendet wurde. Biegeform und -schiene waren gemäß Abb. 4/80 profiliert. Die Biegeschiene wurde mittels eines Exzenters vor Beginn der Biegung stufenweise an das Rohr gedrückt und damit die Größe der Stützkraft verändert. Die so hergestellten 180°-Bögen wurden in Segmente von 30° zerschnitten und von der Querschnittsform wahre Abdrücke genommen, die in Abb. 4/81 wiedergegeben sind. Von 2,5 Mp an wurde die Profilierung von Biegeform und -schiene wirksam. Die Abplattung verschwindet, die Unrundheit geht zurück, die Querschnittsform nähert sich

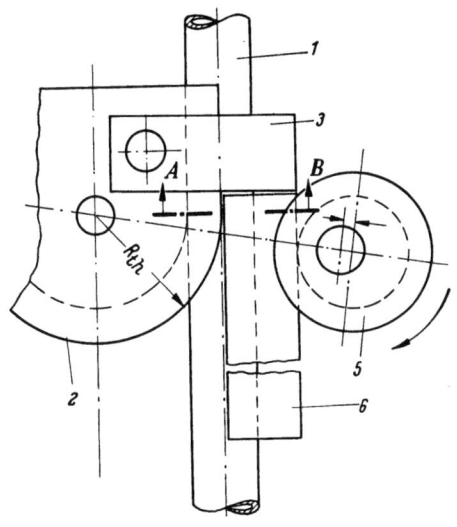

Abb. 4/79. Dornloses Biegen; Werkzeugform
1 Rohr; *2* Biegeform; *3* Einspannung; *5* Rolle; *6* Biegeschiene

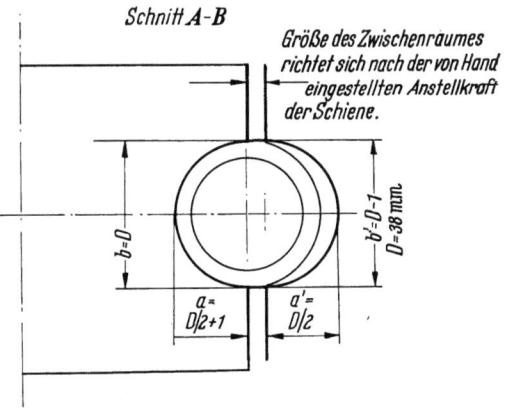

Abb. 4/80. Profilierung

dem Kreis, und der Durchflußquerschnitt wird größer. Da die Größe der Stützkraft ausschließlich von der Kraft abhängt, mit der der Bieger die Biegeschiene zu Beginn der Biegung mittels des Exzenters an das Rohr und damit an die Biegeform drückt, ist man hinsichtlich der Güte des erzeugten Bogens bei Verwendung von Werkzeugen nach Abb. 4/79 völlig von der Zuverlässigkeit und gleichmäßigen Arbeit

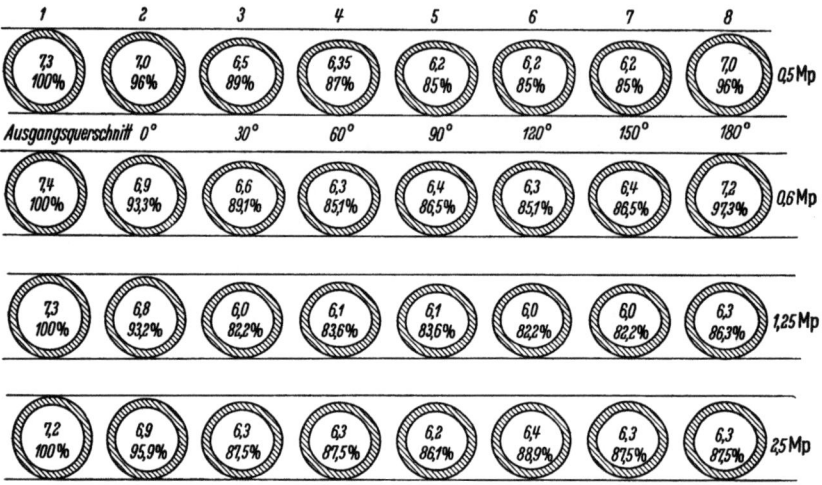

Abb. 4/81. Dornloses Biegen; Querschnittsformen

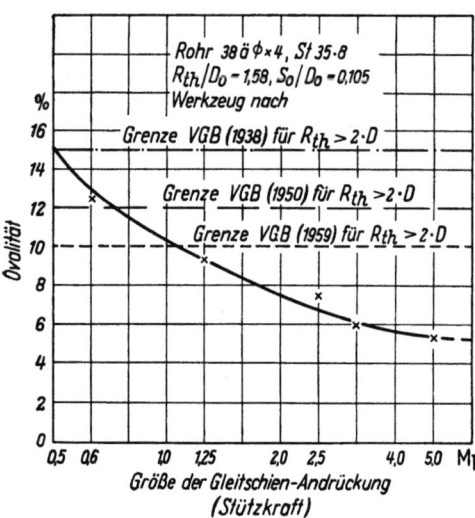

Abb. 4/82. Einfluß der Größe der Stützkraft auf die bezogene Unrundheit

des Biegers abhängig (Abb. 4/82). Um dieser Unsicherheit zu entgehen, wurde als nächster Schritt die feststehende Biegeform so exzentrisch gelagert, daß die vorher während der ganzen 180°-Biegung gleichbleibende Entfernung Biegeschiene–Biegeform jetzt bei der Annäherung an 90°-Biegewinkel allmählich um das Maß der exzentrischen Lagerung der Biegeform kleiner wird, um nach Überschreiten von 90° wieder allmählich auf den Anfangswert zurückzugehen. Dadurch wird die Stützkraft jetzt von der Maschine aufgebracht. Dies hat zur Folge, daß – unabhängig von der Größe der Anstellkraft der Biegeschiene durch den Bieger – die Höhe der Stützkraft nur etwa um ±6% ihres Mittelwertes von etwa 8 Mp bei dem vorliegenden Beispiel

4.3 Verminderung der Unrundheit (Werkzeuge und Querschnittsformen) 65

schwankt. Ein weiterer Vorteil ist darin zu sehen, daß der Höchstwert der Stützkraft immer an der gleichen Stelle liegt, und zwar dort, wo sie am meisten benötigt wird, nämlich in der Mitte des 180°-Bogens.

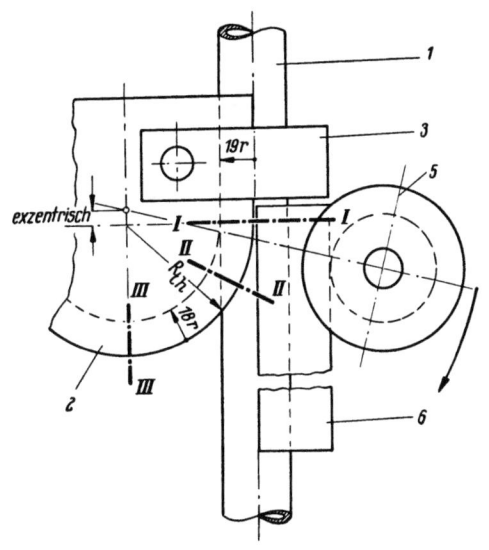

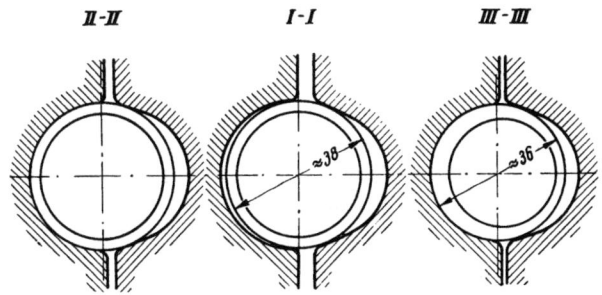

Abb. 4/83. Dornloses Biegen; Werkzeug Form *I*

Im nächsten Schritt wurde untersucht, wie sich die Querschnittsform des Bogens bei verschiedenartiger Profilierung von Biegeform und -schiene ändert, um festzustellen, welche Art der Profilierung hinsichtlich der Einhaltung der Unrundheits-Vorschriften die günstigste ist:

Form I (Abb. 4/83): Rille der Biegeform halbkreisförmig mit $a = D_0/2 + 1$ mm und $b = D_0$. Rille der Biegeschiene elliptisch mit $a' = D_0/2$ und $b' = D_0 - 1$ mm. Diese Form ergibt bei den untersuchten Biegehalbmessern entsprechend $R_{th}/D_0 = 1{,}3$ bis $1{,}5$ flachovale Bogenquerschnitte.

Form II (Abb. 4/84): Rille der Biegeform wie Form *I*, Rille der Biegeschiene: Spitzform. Mit dieser Form bekommt man hochovale Querschnitte. Diese Querschnittsform ist dann vorzuziehen, wenn man in einem zweiten Arbeitsgang das kalt vorgebogene Rohr in einer Biegepresse warm auf einen Biegehalbmesser $\leq 1 \cdot D_0$ bringen will.

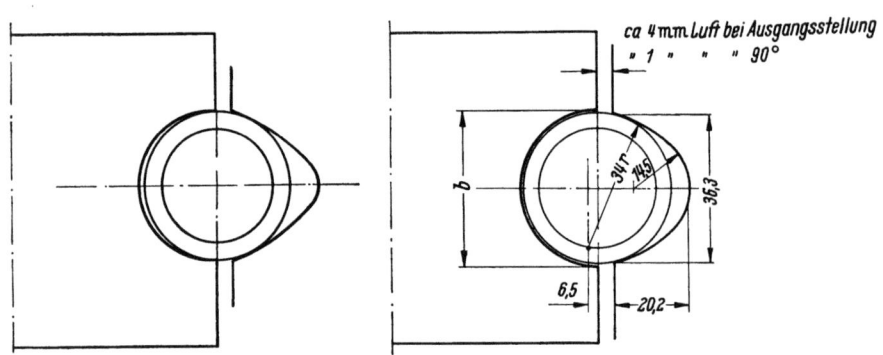

Abb. 4/84. Dornloses Biegen; Werkzeug Form *II*

Abb. 4/85. Dornloses Biegen; Werkzeug Form *III*

Form III (Abb. 4/85): Rille der Biegeform $a = D_0/2 - 1$ mm,
$b = D_0 - 1$ mm, wenn $R_{th} = 2 \cdot D_0$ bzw.
$b = D_0 - 2$ mm, wenn $R_{th} \leq 1{,}5 \cdot D_0$;
Rille der Biegeschiene $a' = D_0/2 + 3$ mm,
$b' = D_0 - 1$ mm, wenn $R_{th} = 2 \cdot D_0$ bzw.
$b' = D_0 - 2$ mm, wenn $R_{th} \leq 1{,}5 \cdot D_0$.
Diese Form ergab hinsichtlich der Unrundheit die besten Ergebnisse. Die Abb. 4/86, 4/87 und 4/88 zeigen die wahren Abdrücke von 90°-Querschnitten von Rohren verschiedener Abmessungen und Biegehalbmesser, die mit dieser Form der Profilierung hergestellt wurden.

Der Ablauf einer 180°-Biegung mit einem Werkzeug der *Form III* sieht dann wie folgt aus:

Abb. 4/83, Schnitt I–I: Ausgangsstellung zu Beginn der Biegung. Rohr *1* ist mit Spannbacke *3* in Biegeform *2* befestigt. Rolle *5* drückt Schiene *6* leicht an das Rohr an. Die Rillen in Biegeform und Schiene entsprechen – im Rahmen der Toleranzen – dem Außendurchmesser des zu biegenden Rohres.

Abb. 4/83, Schnitt II–II: Ende der Übergangszone, in der die Rillenform von Biegeschablone *2* und Schiene *6* vom halbkreisförmigen Rohraußendurchmesser auf die jeweilige Profilierung übergeht. Hier beginnt die Wirksamkeit der Profilierung, die mit der Annäherung an 90°-Biegewinkel entsprechend der nun ebenfalls wirksam werdenden exzentrischen Lagerung der Biegeform immer größer wird, bis sie bei

4.4 Ermittlung der kleinsten Biegehalbmesser 67

90°-Biegewinkel ihren Höchstwert erreicht. Der Raum zwischen Biegeform und Schiene, in den das Rohr hineingezwängt wird, wird von hier an immer kleiner, die Stützkraft damit aber immer größer; das Rohr weicht in die Aussparung der Schiene aus.

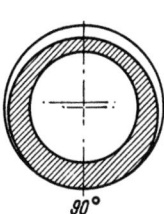 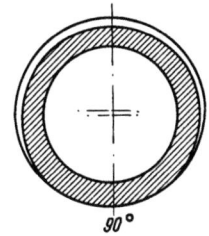 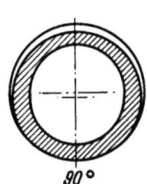

Abb. 4/86. Dornlos mit Werkzeug Form *III* gebogen; Rohr 38 mm ä. ⌀ × 3,5 mm Wanddicke, Werkstoff: St 35.8, $s_0/D_0 = 0,092$, $R_{th}/D_0 = 1,34$, bezogene Unrundheit: praktisch Null

Abb. 4/87. Dornlos mit Werkzeug Form *III* gebogen; Rohr 44,5 mm ä. ⌀ × 4 mm Wanddicke, $s_0/D_0 = 0,09$, Werkstoff: St 35.8, $R_{th}/D_0 = 1,35$, bezogene Unrundheit: 4,5%

Abb. 4/88. Dornlos mit Werkzeug Form *III* gebogen; Rohr 32 mm ä. ⌀ × 2,5 mm Wanddicke, Werkstoff: St. 35.8, $s_0/D_0 = 0,078$, $R_{th}/D_0 = 1,56$, bezogene Unrundheit: 5,6%

Abb. 4/83, Schnitt III–III: Verhältnisse bei 90°-Biegewinkel. Die exzentrische Lagerung der Biegeform hat hier ihre volle Wirksamkeit erreicht, die Stützkraft ihren größten Wert. Nach Überschreiten von 90°-Biegewinkel wiederholt sich der Vorgang im umgekehrten Sinne.

4.4 Ermittlung der kleinsten Biegehalbmesser

Im Abschn. 3.4 war die Frage der kleinstmöglichen Biegehalbmesser beim Biegen dünnwandiger Rohre mit $s_0/D_0 \geqq 0,06$ mittels eines Stützdornes behandelt worden. Das daran anschließende Gebiet der dickwandigen Rohre mit $s_0/D_0 \geqq 0,06$ ist dem dornlosen Biegen vorbehalten. Bei den Versuchen wurden Werkzeugformen nach Abb. 4/85 verwendet und als Kriterium für einen einwandfreien Bogen wiederum völlige Faltenfreiheit an der Innenseite des Bogens und eine bezogene Unrundheit des Bogenquerschnittes von höchstens 8% festgelegt, das waren zum Zeitpunkt der Durchführung der Untersuchungen $2/3$ des nach den VGB-Richtlinien (1950) zulässigen Wertes für Biegehalbmesser über $2 \cdot D_0$ bei Rohrschlangen (vgl. Abschn. 1.34).

Die Ergebnisse der Untersuchungen sind in Abb. 4/89 wieder in der Darstellung s_0/D_0 über dem Verhältnis mittlerer Biegehalbmesser zu Rohraußendurchmesser mit den Wanddicken als Parameter aufgetragen. Die Kurven nähern sich bei großen Werten R_{th}/D_0 asymptotisch einem Kleinstwert und geben damit den jeweils mit diesem Verfahren zulässigen Kleinstwert für s_0/D_0 an. Man liest auf der zweiten Ordinatenskala für jeden Parameterwert der Wanddicke leicht ab, auf welches Vielfache der Wanddicke sich der Rohraußendurchmesser mindestens belaufen muß, damit ein faltenfreies Biegen möglich ist. Dieser Wert D_0/s_0

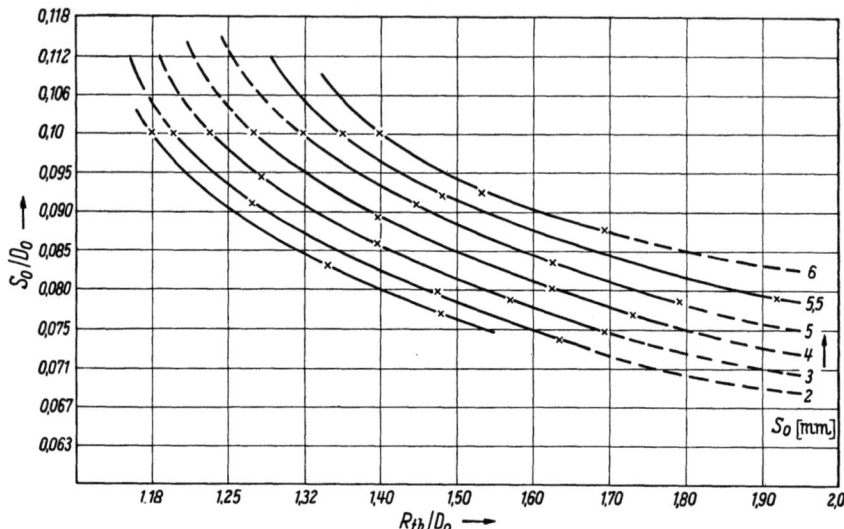

Abb. 4/89. Kleinste Biegehalbmesser für dornloses Biegen

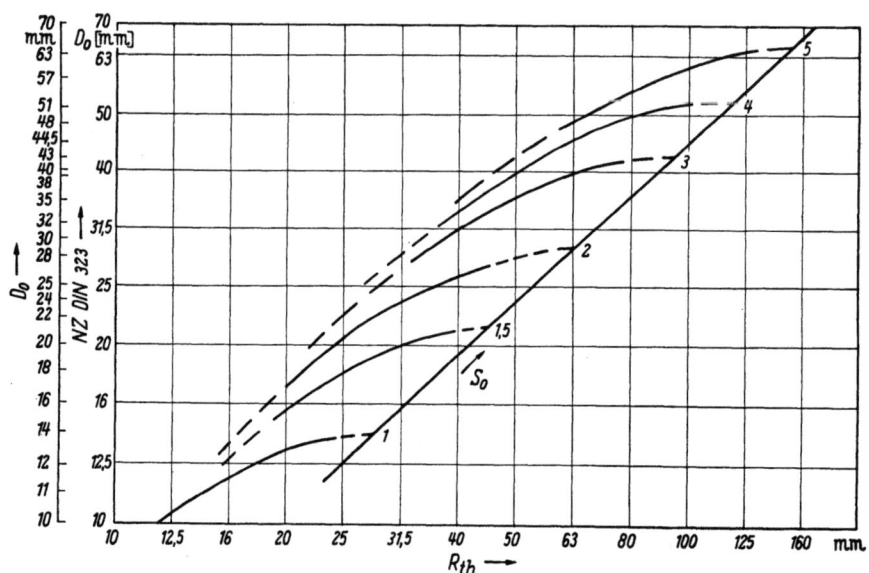

Abb. 4/90. Dornloses Biegen: kleinste erreichbare Biegehalbmesser

fällt mit größer werdender Wanddicke. Dies leuchtet ein, da dickwandigere Rohre dem Ausknicken im Bereich der gedrückten Schichten einen größeren Widerstand entgegensetzen als dünnwandige.

Bezüglich der Biegehalbmesser R_{th} ergibt sich: Der Biegehalbmesser muß um so größer gewählt werden, je größer der Rohrdurchmesser bei gegebener Wanddicke ist.

Abb. 4/90 ist eine Umzeichnung des Kurvenblattes Abb. 4/89, so daß die kleinsten, mit diesem Verfahren herstellbaren, Biegehalbmesser für bestimmte Rohrabmessungen unmittelbar abgelesen werden können.

4.5 Kräfte und Momente

Die an der Rohrbiegemaschine angreifenden Einzelkräfte sind in Abb. 4/91 dargestellt. Das am Biegetisch eingeleitete Moment ist $M_b = P \cdot a$. Aus den geometrischen Beziehungen ist abzulesen, daß von diesem Moment M_b nur ein Bruchteil $M_b' = P' \cdot b = M_b \cdot \sin^2 \gamma$ das eigentliche zum Biegen des Rohres erforderliche Moment darstellt. Geht man also von diesem Moment M_b' aus, so ist die Größe des Momentes M_b, das die Maschine zur Durchführung der Biegung aufbringen muß, ausschließlich von der Größe des Winkels γ bzw. von der Länge des Hebelarmes a abhängig. Eine Vergrößerung des Hebelarmes a ist bei gleichbleibendem Moment M_b am Biegetisch gleichbedeutend mit einer Vergrößerung des Biegemomentes M_b', so daß man also bei gleicher Maschinenleistung größere Rohrabmessungen biegen kann. Andererseits ist es zweckmäßig, beim Biegen von dünnwandigeren Rohren den Hebelarm a zu verkleinern, da dann auch die Faltenbildung später einsetzt.

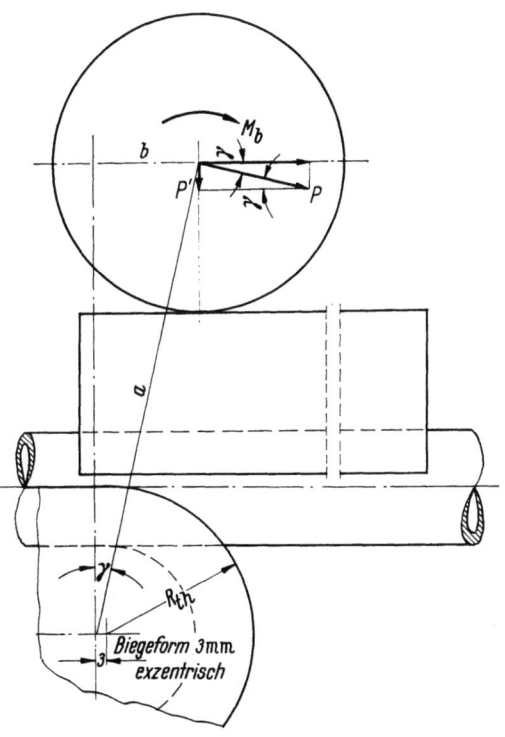

Abb. 4/91. Dornloses Biegen; Kräfte am Werkzeug

Beim dornlosen Biegen ist die Größe der Stützkraft (P in Abb. 4/78), die von außen auf das Rohr einwirken muß, um das Einfallen des Rohr-

4 Das dornlose Biegen

querschnittes zu verhindern, von besonderem Interesse. Diese Kraft wurde mittels einer 10 Mp Druckmeßdose während des Biegeablaufes aufgenommen (Abb. 4/92) und dabei die Vorspannung der Biegerolle stufenweise verändert. Es zeigt sich, daß die Höhe der Vorspannung nur einen relativ geringen Einfluß auf die Kraft zwischen Biegeschiene und Rohr hat. Ihre Größe ist von der Entfernung der Mitte des Biegetisches von der Mitte der umlaufenden Biegerolle abhängig, die bei 90°-Biegewinkel am kleinsten ist. Daher ist auch an dieser Stelle die Stützkraft am größten, d.h., genau an der Stelle, wo sie am meisten benötigt wird.

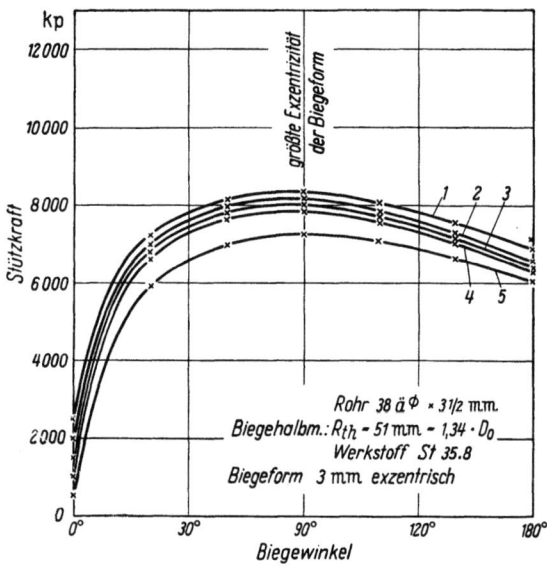

Abb. 4/92. Dornloses Biegen; Größe der Stützkraft im Verlauf einer 180°-Biegung

Wie beim Biegen über einen Dorn wurde auch hier das Biegemoment in Abhängigkeit vom Widerstandsmoment für den Rohrwerkstoff St 35.8 aufgetragen (Abb. 3/74, gestrichelte Linie). Beim dornlosen Biegen treten lediglich Reibungskräfte zwischen Rohr und Biegeform auf, die durch das Hineinzwängen des Rohres in die kleinere Ausnehmung der Biegeform bedingt sind. Sie wirken sich auf das Biegemoment im Gegensatz zur Reibung zwischen Dorn und Rohrinnenwand nur unwesentlich aus. Dadurch stellen die über dem Widerstandsmoment aufgetragenen Biegemomente nahezu die für die reine Biegung erforderlichen Momente dar. Sie sind in Abb. 3/74 als gestrichelte Linie zusammen mit den Momenten für das Dornbiegen eingetragen und bilden für dieses näherungsweise eine untere Grenze. Diese wird dann erreicht, wenn ideale Gleitbedingungen zwischen Dorn und Rohrinnenwand vorliegen.

5.1 Betrachtung nach den vier Grundpfeilern der Fertigungstechnik

In der für das dornlose Biegen gültigen Beziehung

$$M_b = a \cdot \sqrt{W}$$

stellt a einen, im Gegensatz zum Dornbiegen, wegen der geringen Reibungskräfte von der Biegegeschwindigkeit unabhängigen Wert dar.

In gleicher Weise wie beim Dornbiegen wurde auch hier der Werkstoffeinfluß durch Ausdehnung der Biegeversuche auf CrMo legierte Rohrwerkstoffe (13 CrMo 4 4) untersucht. Dabei bestätigte sich die im Abschn. 3.6 für das Dornbiegen dargestellte Beobachtung, wonach sich das erforderliche Biegemoment gegenüber den für den Werkstoff St 35.8 gültigen Diagrammwerten nach Abb. 3/74 etwa im Verhältnis der mittleren Zugfestigkeit vergrößert.

5 Rohrkaltbiegemaschinen

Rohrkaltbiegemaschinen gehören zu den Werkzeugmaschinen der Umformtechnik. Im Rahmen der Bedarfsentwicklung hat dieser Zweig des Werkzeugmaschinenbaues vor allem in den letzten zehn Jahren zahlreiche neue Maschinen, und zwar teilweise nach neuen Verfahren, hervorgebracht. Diese Entwicklung ist noch nicht abgeschlossen, und es erscheint daher zweckmäßig, den augenblicklichen Stand zu betrachten und zu versuchen, zukünftige Entwicklungslinien anzugeben.

5.1 Betrachtung nach den vier Grundpfeilern der Fertigungstechnik

KIENZLE [49] hat

die Hauptgeometrie,
die Fehlergeometrie,
die Mengenleistung und
die Anpassung der Maschine an den Menschen

als die vier Grundpfeiler der Fertigungstechnik herausgestellt, die auch hier den weiteren Betrachtungen zugrunde gelegt werden sollen.

Die *Hauptgeometrie* gibt Form und Größe der Werkstücke an, die eine Maschine herstellen bzw. verarbeiten kann. Man stützt sich dabei auf eine fertigungstechnische Formenordnung, in der die Werkstücke nach gemeinsamen Fertigungsmerkmalen geordnet sind. Damit gehört auch die Frage der universellen Verwendbarkeit von Biegemaschinen sowie die Entwicklung von Sonderbauarten für bestimmte, begrenzte Formengruppen zur Hauptgeometrie.

Durch Umstellung von Warmumformung auf Kaltumformung, durch Übergang vom Gußteil auf Rohrkonstruktion u.a.m. dehnt sich der Größenbereich ständig aus.

Die *Fehlergeometrie* kennzeichnet die bei der Herstellung auftretenden Abweichungen von der vorgeschriebenen geometrischen Form. Die Anforderungen an die Genauigkeit steigen im allgemeinen, jedoch sind auf den verschiedenen Fertigungsgebieten sehr unterschiedliche Grenzen durch die Herstellungstoleranzen des Vorproduktes Rohr gegeben: Für den Kessel-, Rohrleitungs- und Apparatebau gilt das im Abschn. 1.34 Gesagte. Kleinere Toleranzen (Präzisionsstahlrohre) ermöglichen größere Genauigkeitsforderungen, die aber wiederum durch das nicht präzise vorauszusagende Maß der Rückfederung bei Rohren – ähnlich wie bei der Blechumformung – nur schwierig zu verwirklichen sind. Genauigkeit kostet Geld, und man sollte besonders beim Rohrbiegen die Anforderungen an die Genauigkeit sinnvoll begrenzen.

Die *Mengenleistung* ist bei weitem am meisten entwickelt worden. Man muß hier allerdings zwischen Massenfertigung und einfachen Biegungen an kurzen Rohrstücken einerseits und Einzelfertigung bzw. komplizierten Biegeformen bei großen Rohrlängen andererseits unterscheiden: Bei der Einzelfertigung und beim Biegen von Rohren größerer Abmessungen dauert das Einlegen des Rohres in das Werkzeug, das Einrichten, Spannen und Entspannen sowie das Herausnehmen des gebogenen Rohres ein Vielfaches des eigentlichen Biegevorganges. In solchen Fällen ist es sinnvoller und wichtiger, diese Nebenzeiten und Leerwege durch entsprechende Vorrichtungen und Erleichterungen zu verkürzen, als einseitig die Biegegeschwindigkeiten zu erhöhen.

Die Frage nach der technologisch günstigsten Biegegeschwindigkeit ist noch wenig geklärt. Sie ist in erster Linie von den physikalischen Eigenschaften des verwendeten Werkstoffes abhängig. Der Einfluß der Biegegeschwindigkeit auf das erforderliche Biegemoment wurde in den Abschn. 3.6 und 4.5 behandelt. Abb. 5/93 zeigt Biegegeschwindigkeiten ausgeführter deutscher Maschinen mit elektromechanischem und ölhydraulischem Antrieb im Zusammenhang mit den Widerstandsmomenten der zu biegenden Rohre. Bei den Maschinen mit mechanischem Antrieb ergibt sich ein breites Streufeld, in dessen oberem Bereich die Maschinen mit ölhydraulischem Antrieb liegen. Eine Steigerung dieser Geschwindigkeiten gegenüber den zur Zeit verwendeten scheint zulässig zu sein, besonders, wenn es die Maschine ermöglicht, den Biegevorgang langsam einzuleiten und erst danach auf höhere Biegegeschwindigkeiten überzugehen.

Im Rahmen der Mengenleistung hat die Automatisierung von Rohrkaltbiegemaschinen in den letzten Jahren eine schnelle Entwicklung durchgemacht. Wenn auch die Bauformen und einige Grundgedanken bei der Entwicklung deutscher Maschinen von amerikanischen Konstruktionsmerkmalen ausgingen (Pines-Wallace), so hat jedoch die weitere Entwicklung die grundlegend andersartigen europäischen Verhält-

5.1 Betrachtung nach den vier Grundpfeilern der Fertigungstechnik 73

nisse berücksichtigt: Die deutschen Rohrkaltbiegeautomaten (Banning-Hilgers) sind keine ausgesprochenen Einzweckmaschinen. Einige davon bestehen aus Grundmaschinen, die nach dem Baukastensystem durch selbsttätig arbeitende Zusatzeinrichtungen zum Vollautomaten ausgebaut worden sind.

Damit kann man die Forderung nach schneller Umstellbarkeit und kleinsten Stillstandszeiten verwirklichen, solange die technischen Voraus-

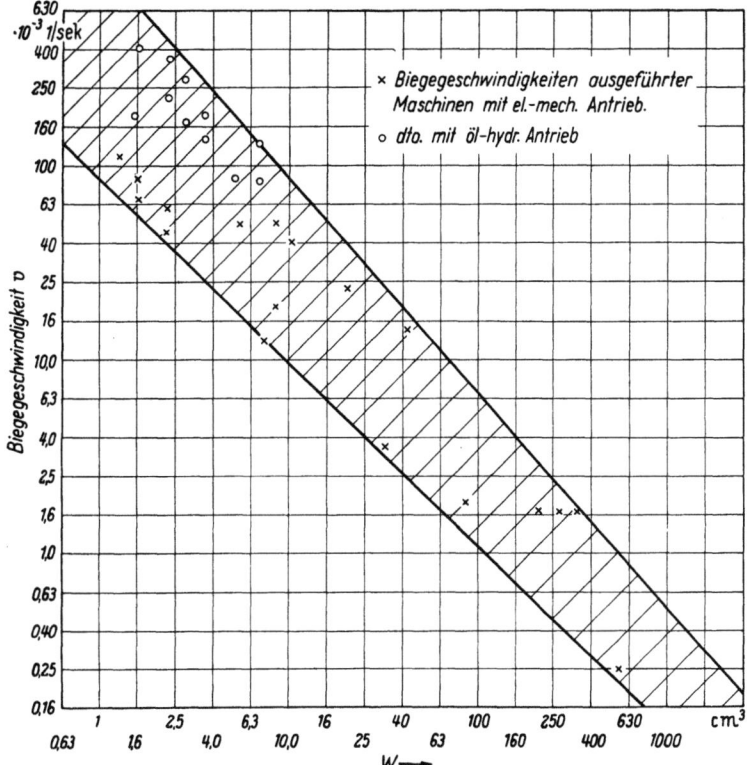

Abb. 5/93. Biegegeschwindigkeiten

setzungen hierfür gegeben sind, in erster Linie die, daß Maßtoleranzen und Eigenschaftsschwankungen des Werkstoffes den Arbeitsablauf nicht stören.

Die Anpassung der Maschine an den Menschen stellt den Konstrukteur vor die Aufgabe, die Maschinen so auszubilden, daß Unfälle sowie unnötige Anstrengungen und Wege weitgehend vermieden werden. Dieser Punkt ist bei Rohrkaltbiegemaschinen von geringerer Bedeutung als z. B. bei Pressen, jedoch sollte man diesen Gesichtspunkt bei jeder Weiterentwicklung im Auge haben.

5.2 Maschinenbauarten

Es ist nicht möglich, im Rahmen dieser Abhandlung die unzähligen Bauarten und Sondermaschinen zu behandeln, zumal sie meist in den verschiedenen Industriezweigen nur für den Eigenbedarf entwickelt und gebaut werden. Aus der Vielzahl der grundlegenden Verfahren (vgl. Verfahrensordnung nach Abb. 1/8) werden daher im folgenden einige Beispiele von allgemeinem Interesse herausgegriffen, die auch im Fertigungsprogramm der wenigen Rohrbiegemaschinenhersteller enthalten sind.

5.21 Biegepressen

Eines der ältesten und am weitesten verbreiteten Verfahren ist das nach Feld *2112* der Systematik gemäß Abb. 1/8 in der Gruppe der

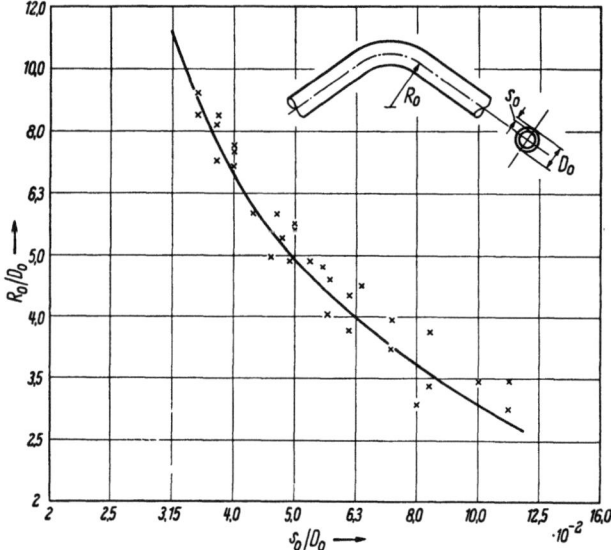

Abb. 5/94. Verfahren nach Feld *2112*; mögliche Biegehalbmesser in Abhängigkeit vom Wanddickenverhältnis

Biegeverfahren durch Moment und Querkraft bei ruhendem Kraftangriff. Dieses Verfahren bietet einige, vor allem wirtschaftliche Vorteile wie einfache Werkzeuge, billige Maschinen, vielseitige Verwendbarkeit (Rohre, Profile usw.) und größere Leistungsfähigkeit gegenüber anderen Maschinenbauarten bei gleicher installierter Antriebsleistung. Als Nachteil wäre demgegenüber zu erwähnen, daß bei Rohren mit abnehmendem Wanddickenverhältnis s_0/D_0 große Biegehalbmesser erforderlich sind, um

5.2 Maschinenbauarten   75

vor allem bei Kesselrohren innerhalb der zulässigen Grenzen für die bezogene Unrundheit zu bleiben. Aus Abb. 5/94 lassen sich die Biegehalb-

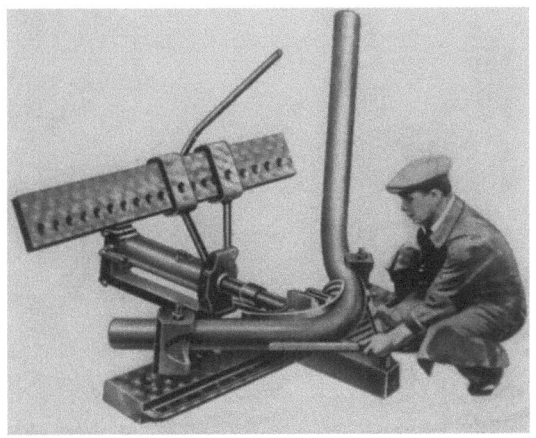

Abb. 5/95. Verfahren nach Feld *2112* (Fa. Mingori, Stuttgart)

messer entnehmen, die bei gegebenem Wanddickenverhältnis etwa erforderlich sind.

Die modernen Maschinen, die nach diesem Verfahren arbeiten, haben heute meist einen hand- oder motorbetätigten ölhydraulischen Antrieb.

Abb. 5/96. Verfahren nach Feld *2112* (Fa. Lang, Michelstadt)

Abb. 5/95 zeigt einen handbetätigten Biegeapparat dieser Art. Abb. 5/96 stellt eine Maschine mit elektrohydraulischem Antrieb dar, die in verschiedenen Größen mit einer Biegekraft bis zu etwa 30000 kp gebaut wird, mit der auch I-Träger bis NP 20 in beiden Achsen gebogen werden

6 Franz, Biegen von Rohren

76   5 Rohrkaltbiegemaschinen

können. Maschinen dieser Art haben stufenlos verstellbare Arbeits- und erhöhte Rücklaufgeschwindigkeiten. Geschlossener, übersichtlicher und robuster Aufbau, einfache Bedienbarkeit sowie Beweglichkeit (Einsatz

Abb. 5/97. Verfahren nach Feld *2112* (Fa. Wallace, Chicago)

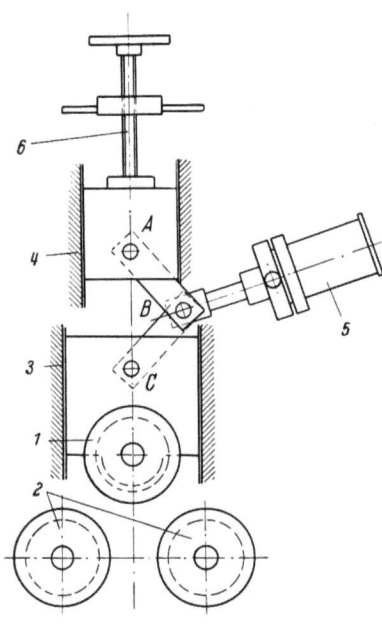

Abb. 5/98. Verfahren nach Feld *2212* (Fa. Wallace, Chicago)

auf Montage) sind Forderungen, die an Maschinen dieser Art gestellt werden müssen. Abb. 5/97 zeigt eine amerikanische Ausführungsform dieser Bauweise.

Nach dem gleichen Prinzip, jedoch mit wanderndem Kraftangriff, arbeitet das Verfahren nach Feld *2212* der Verfahrensordnung. Die amerikanische Ausführung nach den Abb. 5/98, 5/99 und 5/100 vereinigt die beiden Verfahren nach Feld *2112* und *2212* insofern in sich, als zu Beginn eines fortlaufenden Biegevorganges zunächst der gewünschte Biegehalbmesser (Anfangsbiegung) dadurch hergestellt wird, daß der hydraulisch betätigte Gelenkhebelmechanismus *5* die Biegerolle *1* gegen die als Widerlager dienenden Treibrol-

5.2 Maschinenbauarten

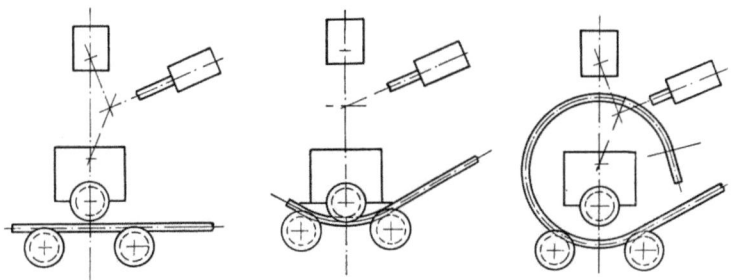

Abb. 5/99. Verfahren nach Feld *2212* (Fa. Wallace, Chicago)

Abb. 5/100. Verfahren nach Feld *2212* (Fa. Wallace, Chicago)

len 2 drückt (Abb. 5/98). Die Einstellung des Biegehalbmessers erfolgt durch Verschieben des Punktes A bei senkrechter Stellung der Hebel AB und BC. Dann erst werden die Treibrollen 2 eingeschaltet, und der fortlaufende Biegevorgang beginnt. Der Gelenkhebelmechanismus 5 gestattet dann die Auf- und Abbewegung der Biegerolle, ohne ihre Biegeanfangsstellung zu ändern.

78   5 Rohrkaltbiegemaschinen

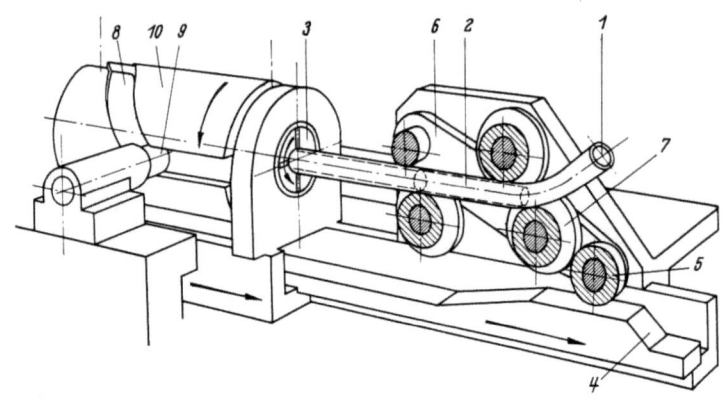

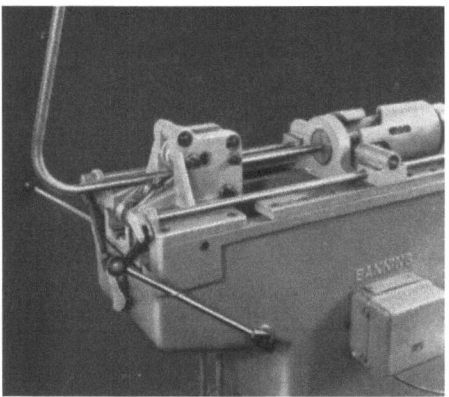

a

Oben

Abb. 5/101. Verfahren nach Feld *2213*
(Fa. Banning A.-G., Hamm)

1 Rohr; *2* Dorn; *3* Spannvorrichtung; *4* Biegesteuerkurve; *5* Führungsrolle; *6* Schwenkarm; *7* Biegerolle; *8* Drehungssteuerkurve; *9* Führung; *10* Drehkurventräger

Mitte und unten

Abb. 5/102a–c. Verfahren nach Feld *2213*
a) Anfangsstellung; b) Mittelstellung;
c) Stellung kurz vor Ende des Arbeitshubes
(Fa. Banning A.-G., Hamm)

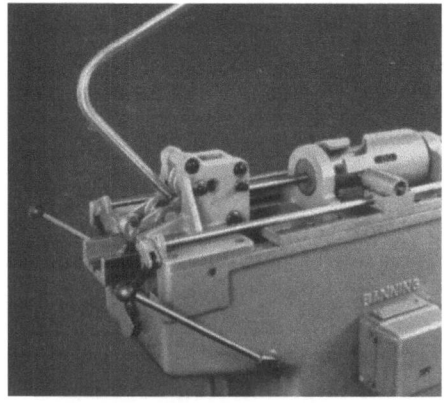

b

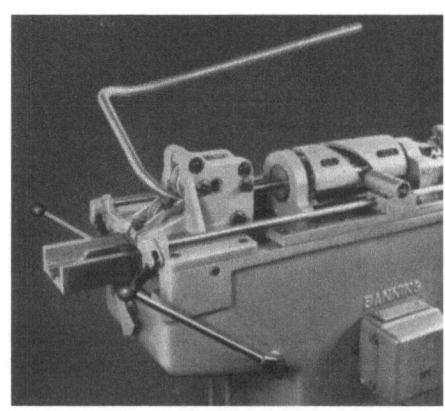

c

5.2 Maschinenbauarten 79

5.22 Biegerollenverfahren

Das Verfahren nach Feld *2213* der Verfahrensordnung bietet die Möglichkeit, nicht nur Kreisbögen, sondern auch Kurven in der Ebene sowie Raumkurven herzustellen. Abb. 5/101 gibt schematisch diese Möglichkeiten wieder, nach denen die nach diesem Prinzip arbeitende Maschine gemäß Abb. 0/4 arbeitet. Bogen in der Ebene und ebene Kurven werden durch eine Biegesteuerkurve *4*, Raumkurven durch gleichzeitige Überlagerung einer Drehbewegung um die Rohrachse mittels einer Drehungssteuerkurve *8* ermöglicht. Die jeweiligen Formen der Steuerkurven bestimmen die Form des Bogens. Abb. 5/102 gibt den Ablauf einer Biegung wieder.

5.23 Das Biegen mit Stützdorn

Für das Dornbiegen nach Feld *2214* der Verfahrensordnung wurden die verschiedensten Maschinenbauarten entwickelt, die sich vor allem durch Leistungsbereich, Antriebsart, Grad der Automatisierung und Stand der Entwicklung der Vorrichtungen zur Verringerung der Nebenzeiten und Leerwege voneinander unterscheiden.

Die Bauarten lassen sich nach der Mengenleistung in zwei Gruppen ordnen:

a) Maschinen für die Einzelfertigung und Kleinserien: zum Kaltbiegen von kleinen, mittleren und großen Rohren bis etwa 420 mm ä. ⌀.

b) Maschinen für die Massenfertigung: Entwicklung der einfachen Maschinen zum Halb- und Vollautomaten für Rohre bis zu etwa 102 mm ä. ⌀.

Abb. 5/103. Verfahren nach Feld *2214* (Fa. Wallace, Chicago)

Zu a): **Maschinen für die Einzelfertigung und Kleinserien.**
Leistungsstufung. Rohrkaltbiegemaschinen sind für Rohre bis zu etwa 420 mm ä. ⌀ (Abb. 5/103) gebaut worden. Dieser Durchmesser-

bereich wird von den verschiedenen Firmen unterschiedlich aufgeteilt in Maschinentypen, deren Verwendungsfähigkeit im einzelnen begrenzt wird durch

den kleinsten noch verarbeitbaren Rohrdurchmesser ohne Rücksicht auf Wirtschaftlichkeit,

den kleinsten noch wirtschaftlich tragbaren Rohrdurchmesser,

den größten Rohrdurchmesser,

das größte Widerstandsmoment, das sich unter Berücksichtigung des verwendeten Werkstoffes mit dem am Biegetisch zur Verfügung stehenden größten Moment noch überwinden läßt,

den kleinsten herstellbaren Biegehalbmesser,

den größten herstellbaren Biegehalbmesser (abhängig von den Maschinenabmessungen).

Während sich im Rahmen einer erst in jüngster Zeit einsetzenden Typenbereinigung und -ordnung im Rohrbiegeautomatenbau die Durchmesserreihe

$$25 - 32 - (40) - 50 - (63) - 80$$

herauskristallisiert, gibt es bisher bei den Maschinen für die Einzelfertigung keine Aufteilung des Biegebereiches nach einer solchen, im Werkzeugmaschinenbau allgemein üblichen geometrischen Abstufung. Man legt auch heute noch den Leistungsbereich ziemlich willkürlich unter Be-

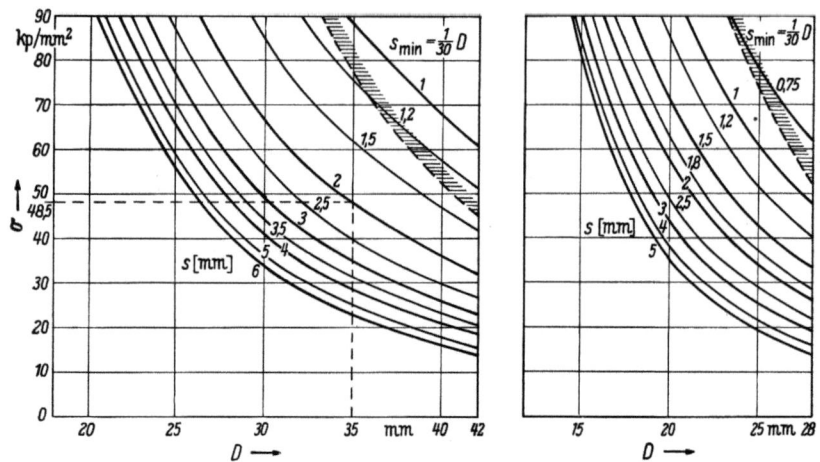

Abb. 5/104. Leistungsgrenzen (Fa. Banning A.-G., Hamm)

rücksichtigung der Verbraucherwünsche fest und begnügt sich in der Regel mit der Angabe einiger Grenzen der Verwendungsfähigkeit, vor allem hinsichtlich der Rohraußendurchmesser, der Biegehalbmesser und des höchsten zulässigen Widerstandsmomentes. Zweckmäßige Leistungsstufung sowie eine genaue und eindeutige Festlegung des Arbeitsbereiches unter Berücksichtigung verschiedener Werkstoffe in Form von Leistungsdiagrammen ähnlich Abb. 5/104 sind für die Benutzung von Biege-

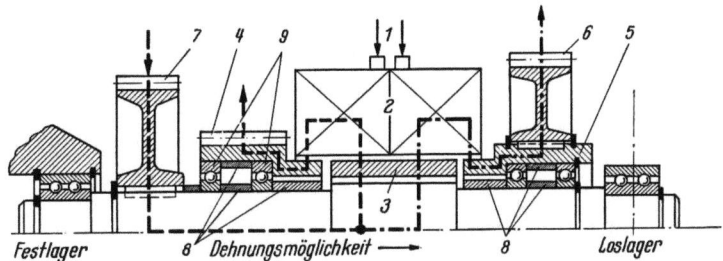

Abb. 5/105. Einbaumöglichkeit für eine elektromagnetische Lamellenkupplung als Doppelkupplung
1 Stromzuführung; 2 Kupplungskörper; 3 Keilbüchse; 4 Ritzelmitnehmer; 5 Radmitnehmer; 6 Rad; 7 Rad; 8 Distanzbüchsen; 9 Hochschulterlager (Fa. Hilgers, Rodenkirchen)

maschinen unerläßlich. Die Normzahlen [52] sollten bei allen Neukonstruktionen benutzt werden.

Mechanische Antriebe. Bis vor einigen Jahren hatten die deutschen Biegemaschinen dieser Gruppe noch ausschließlich elektro-mechanische Antriebe mit verschiedenartigen Reibungskupplungen oder auch elektromagnetischen Lamellenkupplungen (Abb. 5/105) und handbetätigte Vorrichtungen für das Spannen, das Andrücken der Gleitschiene, die Dorn-

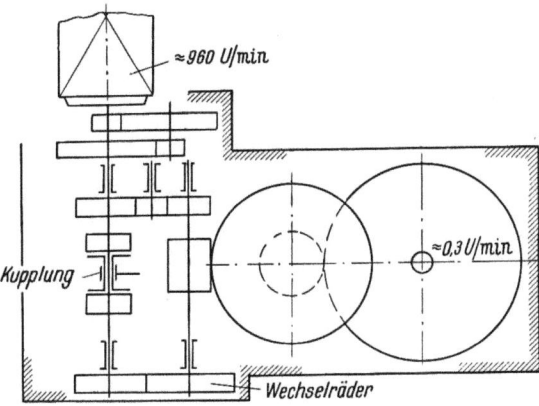

Abb. 5/106. Verfahren nach Feld 2214; Getriebeschema Type RK 4 (Fa. Climax, Aachen)

bewegung usw. Bei größeren Maschinen ist damit die Unterbringung der erforderlichen großen Untersetzungsverhältnisse von 1 : 15000 und mehr das Hauptproblem. Dazu kommen die Beherrschung der hohen Flächenpressungen in den letzten Getriebestufen sowie Fragen der Lagerung und Schmierung. Früher wurden diese größeren Maschinen ohne genaue Kenntnis der auftretenden Biegekräfte, allein aus den Erfahrungen mit ausgeführten kleineren Typen entwickelt. Abb. 5/106 und 5/107 zeigen

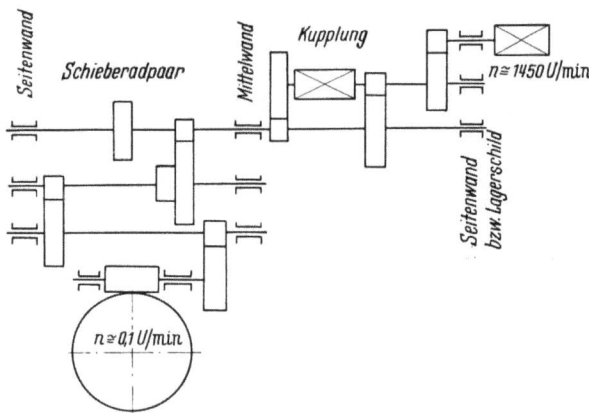

Abb. 5/107. Verfahren nach Feld *2214*; Getriebeschema Type H 216 (Fa. Hilgers, Rodenkirchen)

die Getriebepläne zweier ausgeführter Maschinen mittlerer Größe mit Untersetzungen von etwa 1 : 3000 und etwa 1 : 15000. Beide Lösungen arbeiten mit einem Schneckengetriebe in der vorletzten bzw. letzten Stufe, und beide Lösungen ermöglichen einen freien Vorbau der Maschine

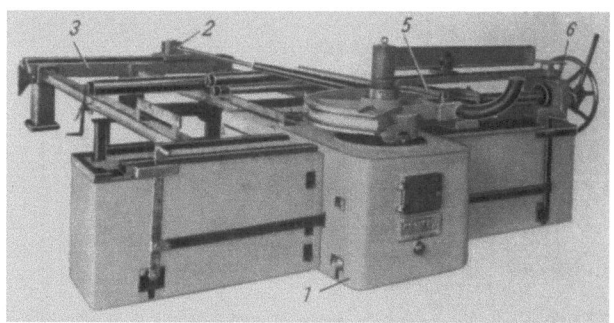

Abb. 5/108. Verfahren nach Feld *2214*; Maschine Type RK 4 (Fa. Climax, Aachen)

und damit unbehindertes Biegen wie aus Abb. 5/108 und 5/112 ersichtlich.

Bei der Ausbildung von Schneckentrieben läßt man üblicherweise eine Stahlschnecke mit einem Bronzerad zusammenarbeiten, man hat jedoch auch mit der Ausführung Bronzeschnecke (Hohenzollern- oder

Blei-(Pan-)Bronze) und Stahlgußrad (Abb. 5/109) gute Erfahrungen gemacht. Für die bei der letzteren Kombination zulässigen Flächenpressungen bei sehr geringen Gleitgeschwindigkeiten liegen weder im Schrifttum Angaben vor noch sind solche von den Herstellerwerken zu erhalten. An ausgeführten Maschinen hat sich gezeigt, daß ein solcher Schneckentrieb erst bei Flächenpressungen über etwa 18 kp/mm² zum Fressen neigt, besonders wenn er nicht sauber eingepaßt ist. Die Schnecken sind daher so sorgfältig einzupassen, daß sie wenigstens zu zwei Dritteln ihrer Fläche tragen. Zur Schmierung und Kühlung wählt man hochwertige Öle von mindestens 16° E bei 50 °C und läßt den Ölstand im Bereich der Schnecke so hoch kommen, daß diese zu $^2/_3$ eintaucht, und lenkt zusätzlich noch einen Ölstrahl direkt in die Eingriffsfläche.

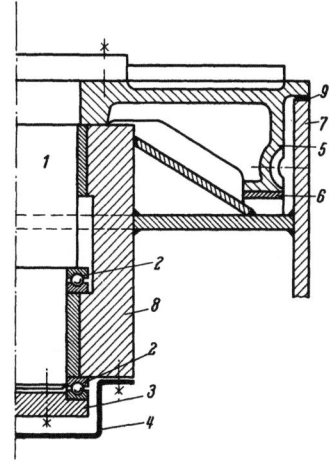

Abb. 5/109. Lösungsmöglichkeit für die Drehtischlagerung einer schweren Maschine (Fa. Hilgers, Rodenkirchen)
1 Zentralzapfen; *2* Längslager; *3* Lagerdeckel; *4* Abdichtung; *5* Schneckenrad; *6* Bronzeplatten; *7* Gehäuse-Vorderwand; *8* Zentralnabe; *9* Filzabdichtung

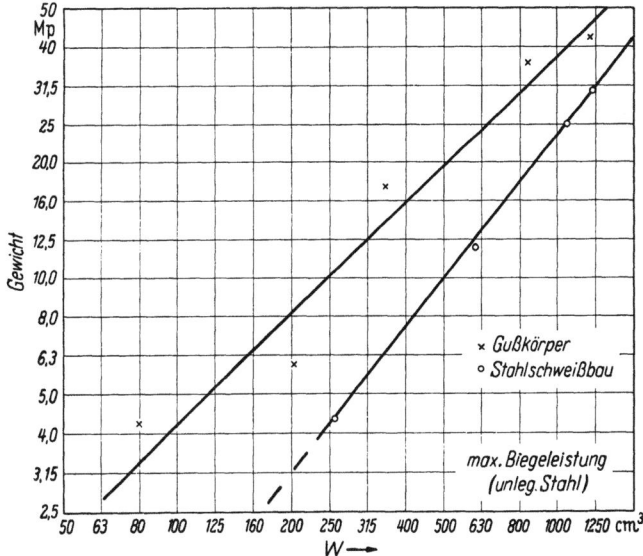

Abb. 5/110. Verfahren nach Feld *2214*; Gewichte ausgeführter Biegemaschinen mit mechanischem Antrieb (ohne Dornhalter)

Maschinenkörper. Mit der Entwicklung der Schweißtechnik war auch die Voraussetzung für die Umstellung von Grauguß- und Stahlgußmaschinenkörpern auf den Stahlschweißbau gegeben. Abb. 5/110 gibt die Gewichte ausgeführter Biegemaschinen mit mechanischem Antrieb (ohne Dornhalter) in Stahlgußausführung und in Stahlschweißbau an, und zwar in Abhängigkeit vom größten Widerstandsmoment W, das sich bei unlegiertem Stahl mit $\sigma_B = 35$ bis 45 kp/mm² nach Angabe der Hersteller noch auf der jeweiligen Maschine biegen läßt.

Systeme der Dornhalter-Lagerung. Die Lagerung des Dornhalters ist auf zwei verschiedene Arten möglich und gebräuchlich, die in Abb. 5/111a und 5/111b schematisch dargestellt sind, während die Abb. 5/108 und 5/112 Ausführungsformen zeigen. Danach kann man den Dornhalter 2

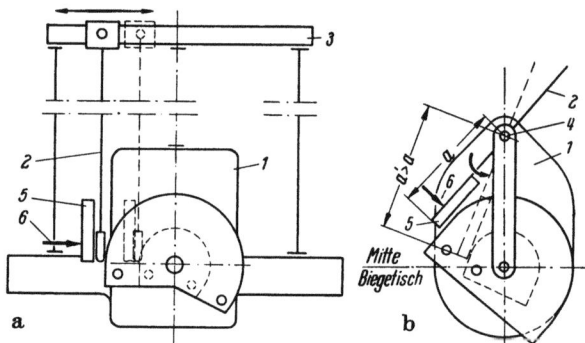

Abb. 5/111 a u. b. Dornhalter-Lagerung. a) außerhalb des Maschinenkörpers; b) im Maschinenkörper

der die beim Biegen auf den Dorn wirkenden, bei großen Rohren sehr beträchtlichen Zugkräfte aufzunehmen hat, entweder mit einer vom Maschinenkörper 1 getrennten Verankerung 3 verbinden oder ihn im Maschinenkörper mittels eines Drehzapfens 4 lagern. Im ersten Falle sind Dornhalter 2 und Gleitschienenführung 5 stets getrennt, während im letzten Falle der Dornhalter 2 auch die Gleitschienenführung 5 und deren Andrückvorrichtung 6 aufnimmt. Die Lagerung des Dornhalters im Maschinenkörper hat als einzigen Vorteil, daß man für ihn kein Fundament bzw. keine Verankerung benötigt. Dieser Vorteil fällt jedoch bei größeren Maschinen nicht sehr ins Gewicht, da diese nur selten ortsbeweglich verwendet werden. Dagegen hat dieses System einige Nachteile, die vor allem darin bestehen, daß man die Maschine bei jedem Umbau auf einen anderen Biegehalbmesser jedesmal neu einstellen muß. Wie Abb. 5/111b zeigt, ändert sich bei Werkzeugwechsel nicht nur die Winkellage des Dornhalters zur Maschinenachse, sondern er muß auch in Längsrichtung verschoben werden. Dieser Nachteil erhöht die Umbauzeiten gegenüber der Anordnung nach Abb. 5/111a. Man rechnet in den

5.2 Maschinenbauarten

Betrieben bei mittelgroßen Maschinen mit einer Umbauzeit bei Werkzeugwechsel von etwa einer Stunde bei zwei Mann Bedienung bei der Werkzeuganordnung nach Abb. 5/111b.

Betätigung der Hilfsvorrichtungen – halbautomatischer Arbeitsablauf. Vorrichtung zur Verringerung der Nebenzeiten und zur Erleichterung der körperlichen Arbeit beim Kaltbiegen von Rohren größerer Abmessungen tragen wesentlich zur Erhöhung der Mengenleistung bei. Einige Rohrbiegemaschinen-Hersteller haben daher der Entwicklung solcher

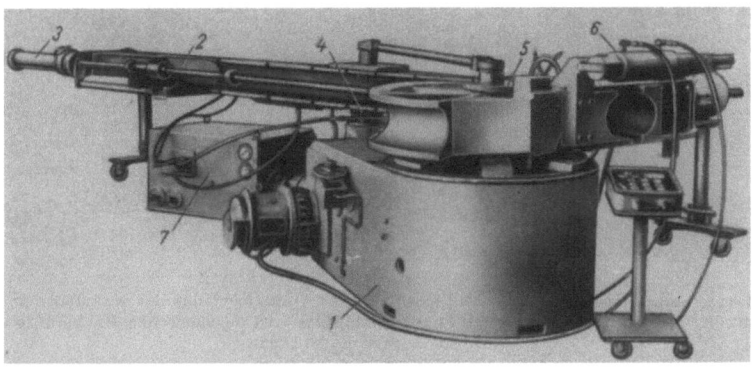

Abb. 5/112. Verfahren nach Feld *2214*; Maschine Type H 220 (Fa. Hilgers, Rodenkirchen)
1 Maschinenkörper, geschweißt; *2* Dornhalter; *3* Hydraulische Dornbewegung; *4* Dornhalter-Drehpunkt; *5* Biegeform; *6* hydraulische Spannvorrichtung; *7* zusätzliche Ölhydraulik zum Antrieb der Hilfseinrichtungen

Vorrichtungen ihre besondere Aufmerksamkeit gewidmet. Man versuchte dabei zunächst bei den Maschinen mit elektromechanischem Antrieb diesen vorhandenen Antrieb auch zur Betätigung von Hilfsvorrichtungen zu benutzen: Die handbetätigte Spannvorrichtung nach Abb. 6/140 wurde z. B. durch eine Vorrichtung ersetzt, deren Betätigung vom Biegetisch der Maschine ausging (Abb. 6/141). An Stellen, wo eine Ableitung der Vorrichtungsbetätigung vom Maschinenantrieb nicht möglich war, wie z. B. Vorrichtungen zur Dornbewegung (Abb. 6/140, handbetätigt), wählte man einen besonderen elektromechanischen Antrieb, wie ihn Abb. 6/141 zeigt. Sobald man jedoch erkannte, welche Möglichkeiten die Hydraulik dagegen bietet, ging man dazu über, größere Kaltbiegemaschinen mit einem zusätzlichen, unabhängig vom elektromechanischen Hauptantrieb arbeitenden ölhydraulischen Aggregat *7* auszurüsten, dessen Leistung so bemessen wurde, daß sie zur Versorgung aller an Großbiegemaschinen erforderlichen Hilfsvorrichtungen ausreichte. Damit kam man dann zu Lösungen nach Abb. 5/112.

Der Weg vom elektromechanischen Maschinenantrieb zum elektrohydraulischen Antrieb, von dem ausgehend sich dann auch alle Hilfsvorrichtungen betätigen ließen, war dann nicht mehr weit. Die Abb. 5/113 und 5/114 zeigen in Gegenüberstellung eine Maschine mit elektromecha-

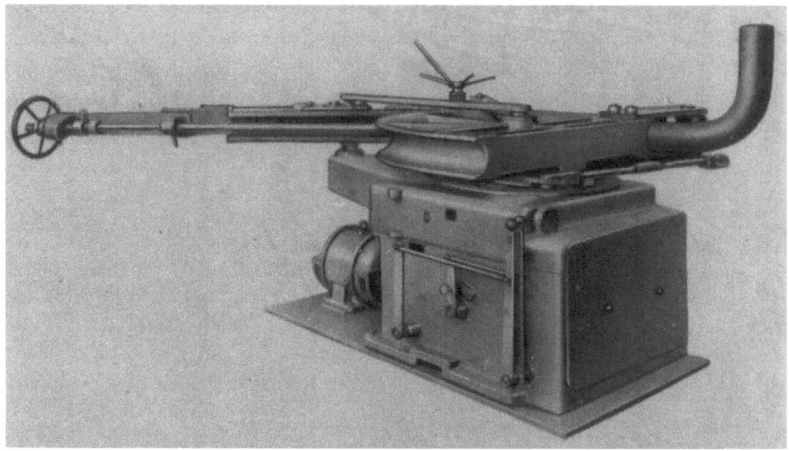

Abb. 5/113. Verfahren nach Feld *2214*; Maschine Type 5 SB, mechanischer Hauptantrieb, Betätigung der Hilfseinrichtungen entweder von Hand oder vom mechanischen Hauptantrieb abgeleitet (Fa. Hilgers, Rodenkirchen)

nischem Antrieb zum Kaltbiegen von Rohren bis 160 mm ä. $\varnothing$ und 4,5 mm Wanddicke, handbetätigter Dorn- und Dornhalterbewegung,

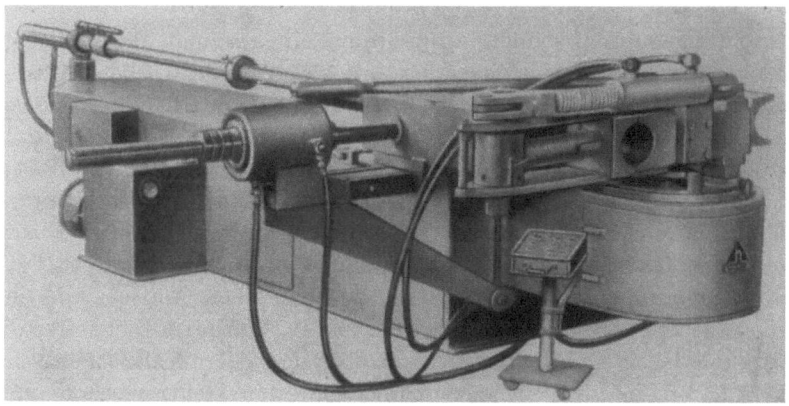

Abb. 5/114. Verfahren nach Feld *2214*; Maschine Type HDY 168, ölhydraulischer Hauptantrieb, von dem die Betätigung der Hilfseinrichtungen abgeleitet wird (Fa. Hilgers, Rodenkirchen)

handbetätigter Gleitschienenandrückung und mit einer vom Maschinenantrieb abgeleiteten Spannvorrichtung und die Neukonstruktion dieser Maschine bei gleichzeitiger Leistungserhöhung auf 168 mm ä. $\varnothing$ bei 7 mm

Wanddicke mit ölhydraulischem Hauptantrieb und mit den vom Hauptantrieb abgeleiteten hydraulischen Hilfsvorrichtungen für das Spannen, die Dornbewegung und die Gleitschienenandrückung. Damit liegt es aber auch sofort auf der Hand, die hydraulischen und elektrischen Steuerungen so auszubilden, daß der Ablauf des Biegevorganges teilweise selbsttätig erfolgt: Die Maschine wird zum Halbautomaten, wobei der Ablauf einer vollständigen Einzelbiegung im vorliegenden Falle wie folgt aussieht:

1. Aufschieben des Rohres auf den Dorn gegebenenfalls unter Verwendung der hydraulischen Vorrichtung für die Dornbewegung, Ausrichten des Bogenanfanges in der Biegeform und Einstellen des Dornes.
2. Das Einschalten des Maschinenantriebes auf Vorlauf bewirkt dann:
   selbsttätiges Spannen,
   selbsttätiges Anstellen der Gleitschiene,
   selbsttätiges Biegen auf den eingestellten Winkel,
   selbsttätiges Zurückgehen des Dornes kurz vor Beendigung der Biegung zur Erzielung eines besseren Überganges Bogen – gerades Rohr und
   selbsttätiges Abschalten des Maschinenantriebes.
3. Schaltet man nach diesem Teilablauf den Maschinenantrieb auf Rücklauf, so lösen sich Gleitschiene und Spannvorrichtung selbsttätig.
4. Danach kann der fertige Bogen mit Hilfe der Vorrichtung für die Dornbewegung (man läßt den Dorn wieder nach vorn laufen) aus der Biegeform herausgedrückt werden.

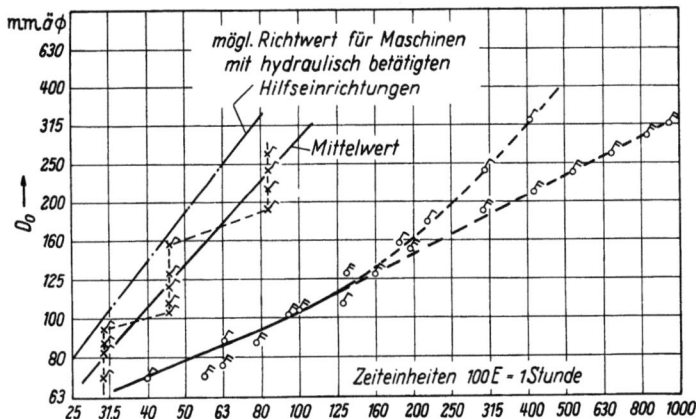

Abb. 5/115. Verfahren nach Feld *2214*; vorgegebene Biegezeiten Warmbiegen – Maschinenbiegen

δ } Warmbiegen (Rohrwerkstatt Nr. 1 und Nr. 2)
δ }
× Kaltbiegen (Rohrwerkstatt Nr. 1), ab 10 Bögen, für den ersten Bogen plus 50%, Grundlagen: 90°-Bogen, $R_{th} = 3 \cdot D_0$, ohne Maschinen-Umbauzeiten, mechanische Hauptantriebe, handbetätigte Nebeneinrichtungen, 2 Mann Bedienung

5. Der Biegevorgang schließt mit dem Rücklauf der Biegeform in ihre Ausgangsstellung. Bei Erreichen der Nullstellung schaltet der Maschinenantrieb selbsttätig ab.

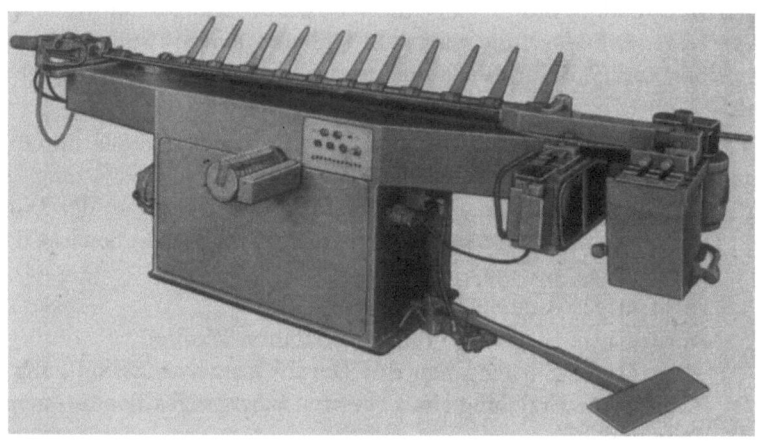

Abb. 5/116. Verfahren nach Feld *2214*; Maschine Type HyB 50 GV, Grundmaschine für den Vollautomaten nach Abb. 5/117 (Fa. Hilgers, Rodenkirchen)

Abb. 5/117. Verfahren nach Feld *2214*; Universal-Vollautomat, auf der Grundmaschine nach Abb. 5/116 aufbauend (Fa. Hilgers, Rodenkirchen)

Biegezeiten. Die Ersparnis an Arbeitszeit beim Einsatz von Kaltbiegemaschinen dieser Art gegenüber dem Warmbiegen ist ganz erheblich. In Abb. 5/115 sind die in zwei verschiedenen Rohrwerkstätten für das Warmbiegen vorgegebenen Zeiten den Zeitvorgaben beim Maschinenbiegen gegenübergestellt. Daraus geht hervor, daß die Zeitvorgaben für das Warmbiegen bei kleineren Rohrabmessungen etwa das Doppelte, bei größeren etwa das Vier- bis Fünffache der benötigten Maschinenzeiten betragen. Bei Verwendung moderner Maschinen mit hydraulisch be-

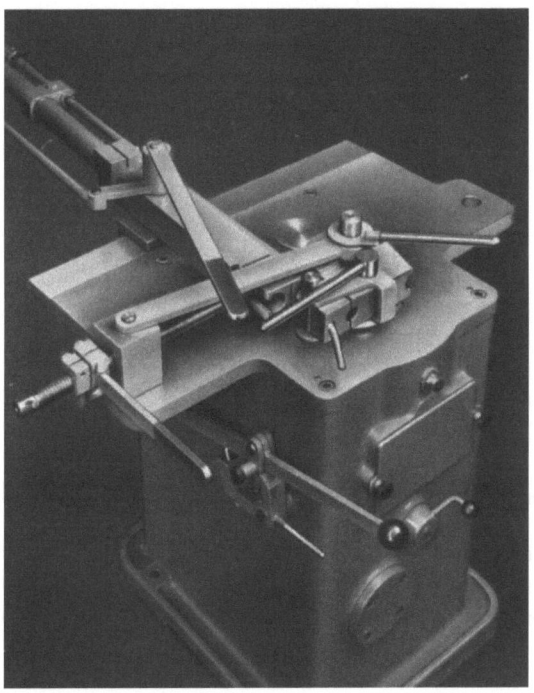

Abb. 5/118. Verfahren nach Feld *2214*; Maschine Type M 40 (1943) (Fa. Banning A.-G., Hamm)

tätigten Hilfseinrichtungen und halbautomatischem Arbeitsablauf erhöhen sich diese Unterschiede noch weiter.

zu b): **Maschinen für die Massenfertigung.** Die Automatisierung von Rohrbiegemaschinen kann unter europäischen Verhältnissen nicht nur eine Steigerung der zeitlichen und technischen Ausnutzung zum Ziele haben. Die Entwicklung muß vor allem auch dahin gehen, daß eine leichte Umstellbarkeit ermöglicht wird, und sie muß berücksichtigen, daß der Verbraucherkreis um so größer ist, je vielseitiger verwendbar der Automat ist. Es ist daher anzustreben, daß sich der Vollautomat für Rechts- und Linksbiegen eignet und sich nach dem Baukastenprinzip auf einem Halbautomaten als Grundmaschine aufbaut, der beliebig durch unabhängig voneinander arbeitende Hilfseinrichtungen bis zum Vollautomaten einschließlich der Vorrichtungen für das selbsttätige Einführen des Rohres und für das Ablegen des gebogenen Teiles erweitert werden kann (Abb. 5/116 und 5/117). Auch im inneren Aufbau der Grund-

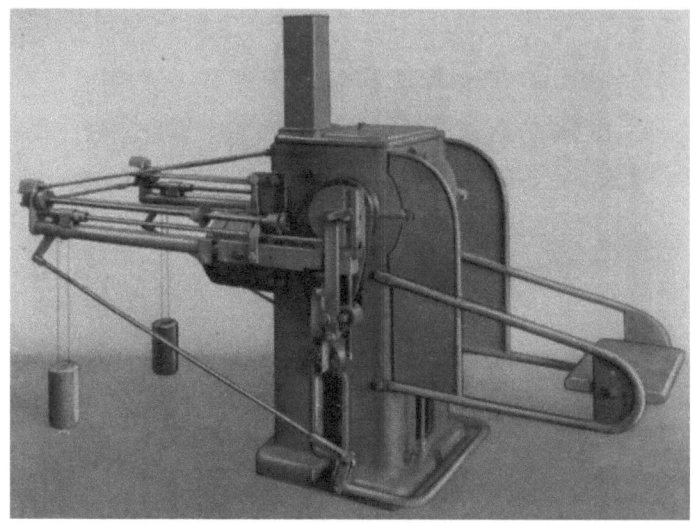

Abb. 5/119. Verfahren nach Feld *2214*; Maschine Type A 40 (1943) (Fa. Banning A.-G., Hamm)

maschinen verschiedener Größe und Leistung sollte das Baukastenprinzip [*53*] z.B. bei den Elementen der Hydraulik und der elektrischen Steuerorgane so weit wie nur irgend möglich verwirklicht werden.

Abb. 5/120. Verfahren nach Feld *2214*; Maschine Type D 30 (1954) (Fa. Banning A.-G., Hamm)

Die Entwicklung der Rohrbiegemaschine für die Einzelfertigung zum Halb- und Vollautomaten – die Leistungsgrenze von Automaten liegt bei etwa 100 mm ä. ⌀ – setzte in Deutschland gegen Ende der dreißiger Jahre ein, als z. B. im Fahrzeug- und Flugzeugbau unter dem Druck steigender Produktionszahlen und der Umstellung auf Leichtbauweise

Abb. 5/121. Verfahren nach Feld *2214*; Maschine Type Ma 32 (1959), Grundmaschine für den Vollautomaten nach Abb. 5/122 (Fa. Banning A.-G., Hamm)

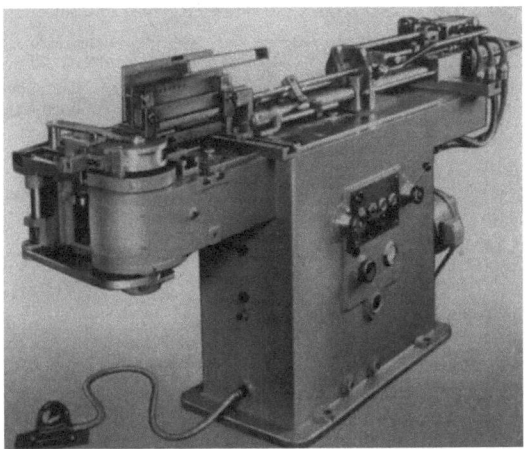

Abb. 5/122. Verfahren nach Feld *2214*; Maschine Type A 32 (1959), Vollautomat, auf dem Halbautomaten nach Abb. 5/121 als Grundmaschine aufbauend (Fa. Banning A.-G., Hamm)

Rohre in großen Mengen zu bestimmten Formen gebogen werden mußten. Die Abb. 5/118 bis 5/122 zeigen verschiedene Entwicklungsabschnitte auf dem Wege zum Vollautomaten der Fa. Banning A.-G., Hamm, die an der

7 Franz, Biegen von Rohren

92 5 Rohrkaltbiegemaschinen

Entwicklung dieses Gebietes des Rohrbiegemaschinenbaues maßgebenden Anteil hat.

Kennzeichnend für das Streben nach Erhöhung der Mengenleistung und vielseitiger Verwendungsmöglichkeit ist Abb. 5/119, die einen Halb-

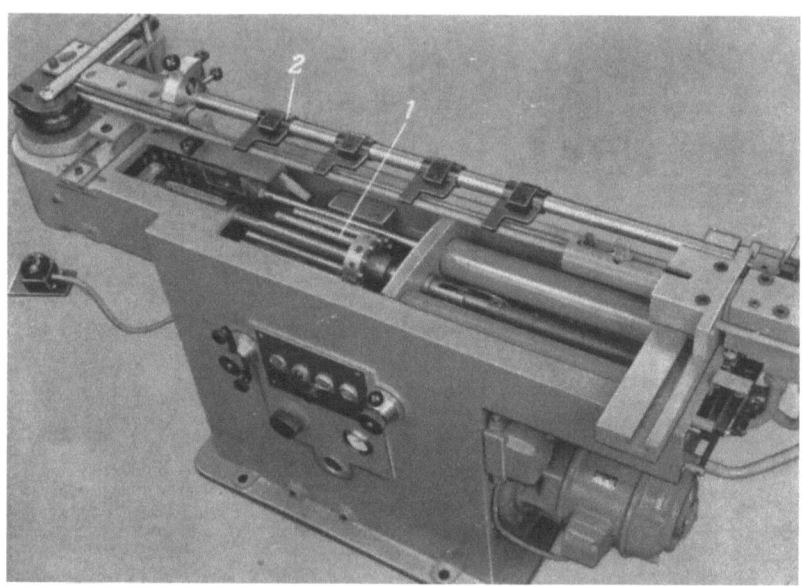

Abb. 5/123. Verfahren nach Feld *2214*; Inneres der Maschine nach Abb. 5/121 mit Anschlagsystemen (Fa. Banning A.-G., Hamm)
1 für den Bogenwinkel; *2* für die geraden Zwischenlängen zwischen zwei Bögen (kann auch, wie Abb. 5/124 zeigt, zur Rohrausstoßvorrichtung ausgebildet werden)

Abb. 5/124. Rohrausstoßvorrichtung (Fa. Hilgers, Rodenkirchen)
1 Dornstange; *2* Kupplung; *3* hydraulische Betätigung; *4* Zwangsführung; *5* Anschläge setzen sich hinter Rohrende

automaten mit mechanischem Antrieb aus dem Jahre 1943 zeigt, bei dem zwei Biegewerkzeuge auf einer gemeinsamen waagerechten Welle angeordnet sind. Diese Anordnung ermöglicht Rechts- und Linksbiegen ohne Maschinenumbau und gestattet das Biegen mit zwei verschiedenen Biegehalbmessern ohne Werkzeugwechsel. Ferner sehen wir aus der Bildreihe den Übergang vom mechanischen zum hydraulischen Hauptantrieb und die Entwicklung von Anschlagsystemen (Abb. 5/123, 124) für eine Anzahl verschiedener Biegewinkel und geraden Zwischenlängen zwischen den Bögen, so daß damit die Voraussetzung für die Einstellung von Biegeprogrammen gegeben ist.

Der selbsttätige Ablauf einer vollständigen Biegung setzt sich bei dem Vollautomaten nach Abb. 5/122 aus folgenden einzelnen Arbeitsgängen zusammen:

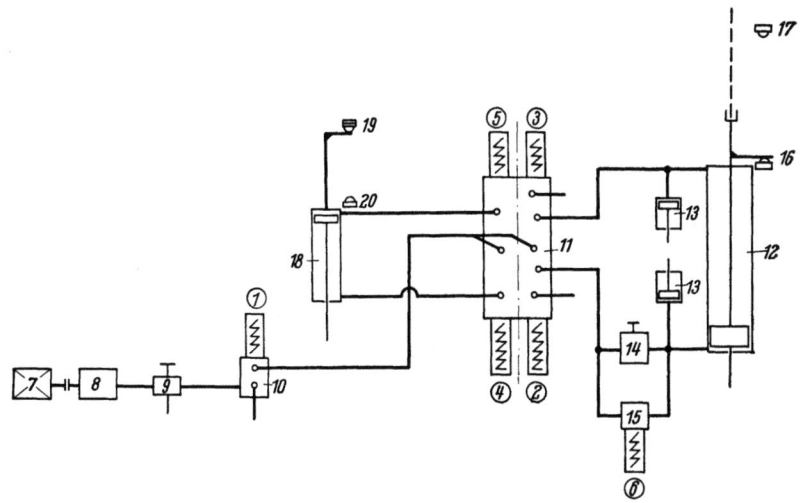

Abb. 5/125. Verfahren nach Feld 2214; einzelne Bauelemente: Lösungsmöglichkeit für die ölhydraulische Schaltung eines Biege(halb-)automaten (die Ausgangsstellung ist skizziert. Bei entgegengesetzter Biegerichtung ändert sich nur die Ausgangsstellung des Hauptkolbens)
1–6 Steuermagnete mit Schützen; 7 Motor; 8 Pumpe; 9 Sicherheitsventil; 10 Trennung des Ölkreislaufes nach beendetem Zyklus; 11 Hauptschieber; 12 Hauptkolben; 13 Gleitschienen-Andrückung; 14 Geschwindigkeitsregulierung (kann wegfallen, wenn Pumpe regelbar); 15 Umgehung von 14 bei Rücklauf; 16, 17 Endschalter für Mehrgradschaltung; 18 Dornbewegung und Ausstoßen des gebogenen Rohres; 19, 20 Endschalter zu 18

1. Einschalten des Arbeitsablaufes durch das aus dem Beschickungsbehälter einfallende Rohr,
2. Dorn geht zurück und gibt Ladekammer für das aus dem Beschickungsbehälter einfallende Rohr frei,
3. Dorn geht vor und schiebt sich in das Rohr,
4. Rohr wird durch Ladeschlitten in Biegelage gebracht,
5. Schmieren des Dornkopfes,
6. Schließen der Spannvorrichtung,
7. Biegen des Rohres,
8. Lösen des Dornes vor beendeter Biegung zur Verbesserung des Bogenüberganges,
9. Öffnen der Spannvorrichtung und Rücklauf der Biegeform,

10. Wechsel der Winkelanschläge für die nächstfolgende Biegung,

11. Vorschieben des Rohres in die neue Lage für die nächste Biegung durch den Ladeschlitten,

12. usw., gleicher Ablauf der nächsten Biegung,

13. Auswerfen des gebogenen Teiles.

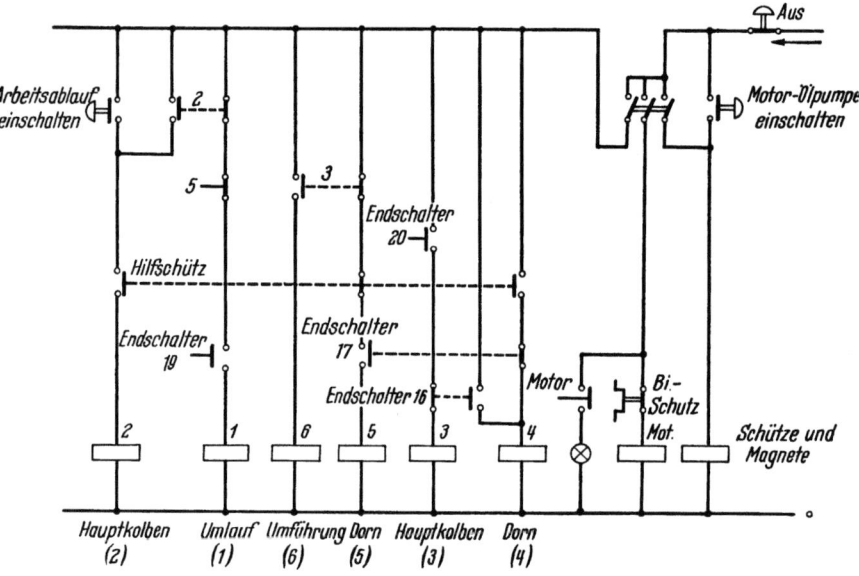

Abb. 5/126. Verfahren nach Feld *2214*; einzelne Bauelemente: Stromlaufplan zu Abb. 5/125 (die Zahlen beziehen sich auf den hydraulischen Schaltplan nach Abb. 5/125). Bei entgegengesetzter Biegerichtung werden durch einen Wahlschalter nur Schütze und Magnete des Hauptkolbens wegen seiner entgegengesetzten Ausgangsstellung vertauscht und damit auch die Endschalter *16* und *17*

Eine Lösungsmöglichkeit für das hydraulische und elektrische Schaltschema eines Biegeautomaten ist in Abb. 5/125 und 5/126 dargestellt. Arbeitsgeschwindigkeit und Drehmoment sind stufenlos verstellbar. Nebenvorgänge, d. h. alle Arbeitsgänge außer dem eigentlichen Biegen des Rohres, erfolgen beschleunigt bei konstant bleibender Pumpenförderung.

Als ein Beispiel für den Rohrbiegeautomatenbau in den USA zeigt Abb. 5/127 einen Automaten der Fa. Wallace Supplies, Chicago, die auch dem Biegen dünnwandiger Rohre besondere Aufmerksamkeit geschenkt hat. Dies zeigt Abb. 5/128, aus der der Werkzeugaufbau mit der Möglichkeit der Feineinstellung von Spannvorrichtung und Gleitschiene sowie eine Vorrichtung zur Unterdrückung beginnender Faltenbildung ersichtlich sind. Die Abb. 5/129 stellt ein weiteres Beispiel aus dem amerikanischen Rohrbiegeautomatenbau dar.

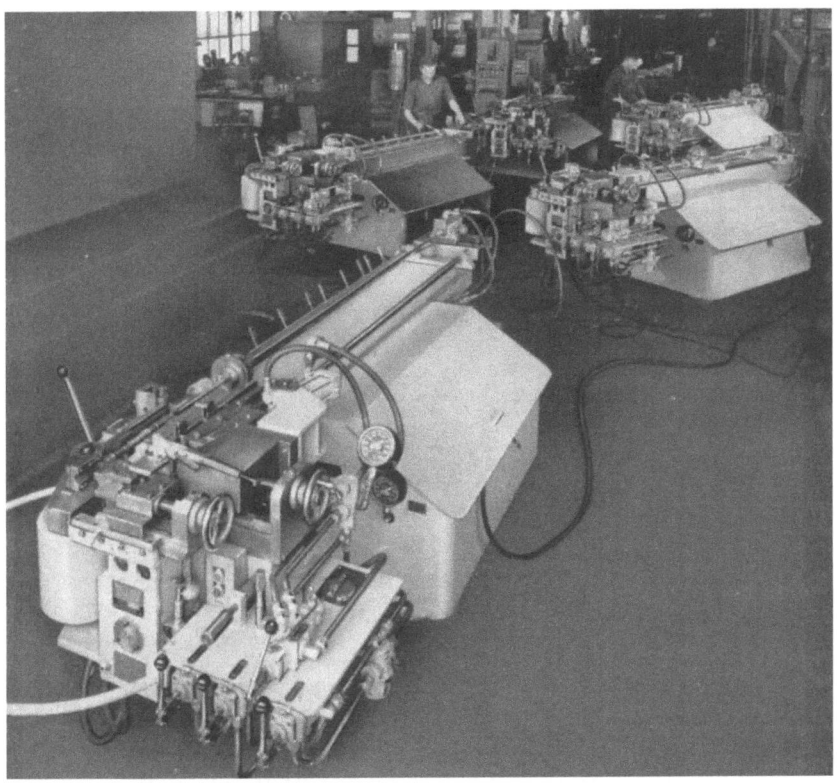

Abb. 5/127. Verfahren nach Feld *2214*; amerikanischer Rohrbiegeautomat (Fa. Wallace, Chicago)

Abb. 5/128. Verfahren nach Feld *2214*; Werkzeugaufbau zu Abb. 5/127 (Fa. Wallace, Chicago)

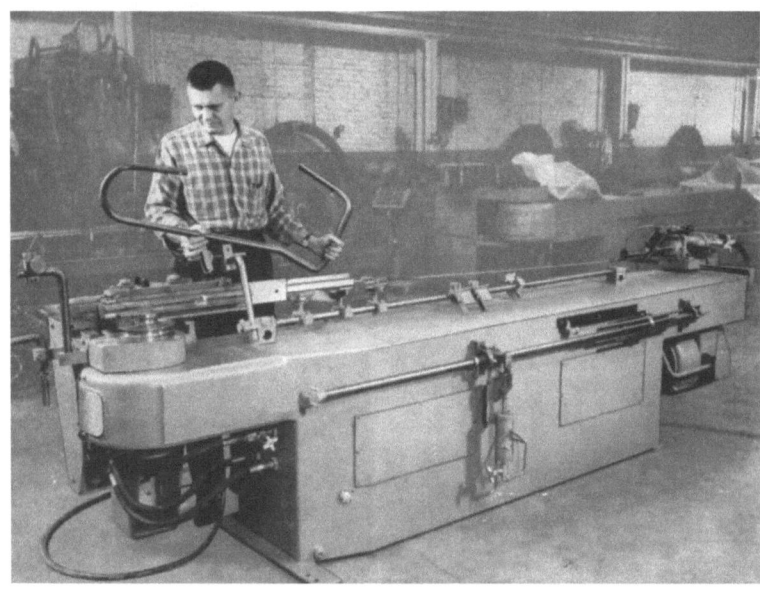

Abb. 5/129. Verfahren nach Feld *2214*; amerikanischer Rohrbiegeautomat (Fa. Pines, Aurora)

Abb. 5/130. Verfahren nach Feld *2215*; dornloses Biegen (Fa. Hilgers, Rodenkirchen)

5.24 Dornloses Biegen

Für das dornlose Biegen nach Feld *2215* der Verfahrensordnung sind bisher keine besonderen Maschinen entwickelt worden, da sich die Maschinen nach Abschn. 5.23 grundsätzlich auch hierzu eignen. Abb. 4/77 und 5/130 stellen Ausführungsformen von Werkzeugen für das dornlose Biegen in Verbindung mit Biegemaschinen üblicher Bauart dar.

5.25 Das Bonn-Verfahren

Das BONN-Verfahren nach Feld *411* der Verfahrensordnung ist dadurch gekennzeichnet, daß die üblichen Biegeformen wegfallen. Das Rohr wird an einem Ende eingespannt. Die Spannvorrichtung befindet sich auf einem Schwenkarm, und ihre Entfernung zum Schwenkmittelpunkt ist einstellbar. Somit kann jeder beliebige Halbmesser im Rahmen der von der Maschine gegebenen Möglichkeiten zwischen einem Kleinst- und einem Höchstwert eingestellt werden. Beim Biegevorgang wird das Rohr mittels einer hydraulischen Vorrichtung vorgeschoben, wobei sich der Schwenkarm um seinen Mittelpunkt dreht und so das Rohr biegt. Die erforderlichen Biegewerkzeuge setzen sich somit lediglich aus einer Führung, der Spannvorrichtung und dem Dorn zusammen.

Abb. 5/131. Verfahren nach Feld *411*; BONN-Maschine Nr. 4 (bis 203 mm ä. ⌀)
(Fa. Murray & Paterson, Coatbridge)

1 Spannvorrichtung; *2* Schwenkarm; *3* Schwenkpunkt; *4* Gradeinteilung; *5* Führung; *6* Dorn; *7* Dornstange; *8* Bedienung; *9* Vorschub; *10* Hydraulik

Abb. 5/131 zeigt eine BONN-Maschine der Fa. Murray & Paterson Ltd., beim Biegen von 8''-Rohren.

5.26 Herstellung von Anschweißbögen

Für die Fertigung von Anschweißbögen sind eine Reihe verschiedener Herstellungsverfahren bekannt. Voraussetzung für eine Massenfertigung war die Normung der Biegehalbmesser (DIN 2605) und die Anpassung von Rohraußendurchmesser und Wanddicke an die Abmessungen nach DIN 2448.

Aus der Reihe der Herstellungsverfahren werden einige wesentliche herausgegriffen und im folgenden näher betrachtet.

a) Der „Hamburger Bogen". Das sogenannte Hamburger Rohrbogenverfahren nach Feld *5211* der Verfahrensordnung geht auf ein deutsches Patent aus dem Jahre 1916 zurück und hat seitdem eine große Bedeutung für die Herstellung von Anschweißbögen – andere Rohrformen sind auf diesem Wege nicht herstellbar – gleichmäßiger Wanddicke und kleiner Biegehalbmesser erlangt. Das Verfahren beruht darauf, daß ein nahtloses

Rohr kleineren Durchmessers (das Einsatzrohr) warm über einen Dorn zweckentsprechender Form (Abb. 5/132) mittels einer Presse gedrückt

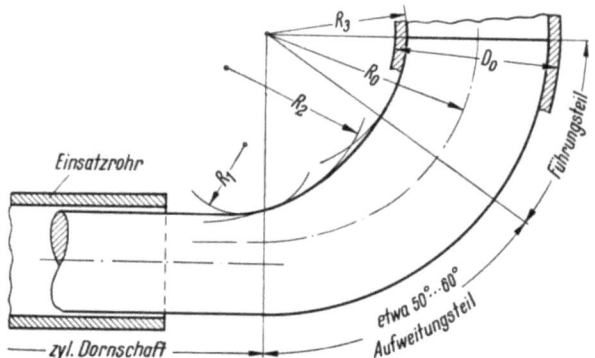

Abb. 5/132. Herstellung von Anschweißbögen; Dornform für Hamburger Bögen

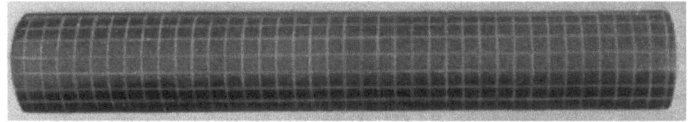

a

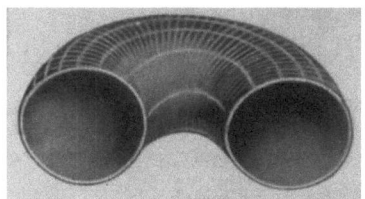

b

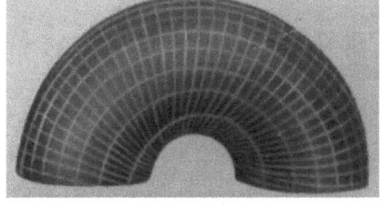

c

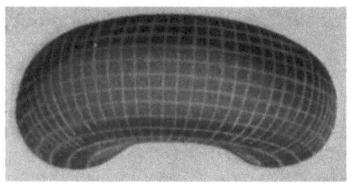

d

Abb. 5/133 a–d. Verfahren nach Feld *5211*; Hamburger Bogen, gelenkter Materialfluß beim Biegen ergibt gleichmäßige Wanddickenverteilung

wird, wobei sich das Einsatzrohr auf einen größeren Durchmesser aufweitet. Dabei findet ein erheblicher Werkstofftransport in Umfangsrichtung von der Druck- zur Zugzone hin statt, den man durch Einstellung geeigneter Temperaturverhältnisse während des Biegevorganges so steuern kann, daß die Wanddicke im gesamten Bereich des Bogens die gleiche bleibt (Abb. 5/133).

Der wesentlichste Teil des Dornes ist die Art der Kalibrierung an der Innenseite des Bogens (Abb. 5/132), d. h. in dem Bereich, wo der größte Teil der Aufweitung des Einsatzrohres stattfindet. Die Krümmung ent-

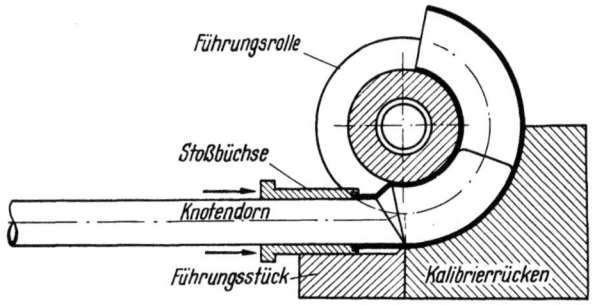

Abb. 5/134. Rohrbogenherstellung mit Knotendorn (Fa. Mannesmann A.-G., Düsseldorf)

spricht in diesem Bereich nicht einem Kreisbogen wie an der Außenseite des Dornes, sondern hat einen steilen Übergang vom geraden Dornschaft zum Wert der Krümmung, der dem inneren Biegehalbmesser des gewünschten Rohrbogens im Führungsteil des Dornes entspricht.

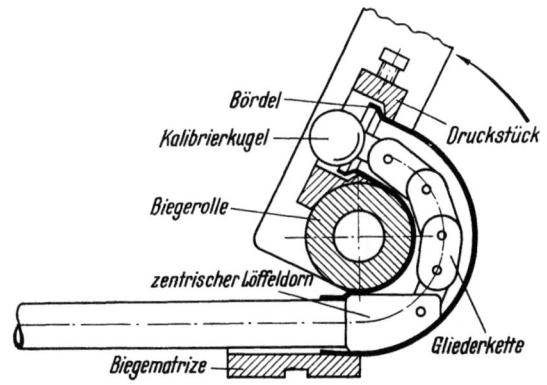

Abb. 5/135. Rohrbogenherstellung mit Löffeldorn und Kalibrierkugel
(Fa. Mannesmann A.-G., Düsseldorf)

Mit der Normung von Biegehalbmesser und Rohrabmessung ergeben sich die erforderlichen prozentualen Aufweitungen des Einsatzrohres je nach Norm zwischen 20% und 50%, wenn man davon ausgeht, daß die

Volumina von Einsatzrohrlänge und Rohrbogen gleich sein müssen, und berücksichtigt, daß die ungelängte Faser bei diesem Verfahren auf der Außenseite des Bogens liegt und nicht im Bereich der Bogenmitte [51].

b) Rohrbogenherstellung mit dem Knotendorn (Abb. 5/134). Bei diesem Verfahren wird das Rohr über einen exzentrisch sitzenden Knotendorn geschoben und zwischen Führungsrolle und Kaliberrücken geformt. Auf diese Weise können Rohrbogen nach DIN 2605 in den Formen D 3 und D 5 bis 108 mm ä. ⌀ hergestellt werden.

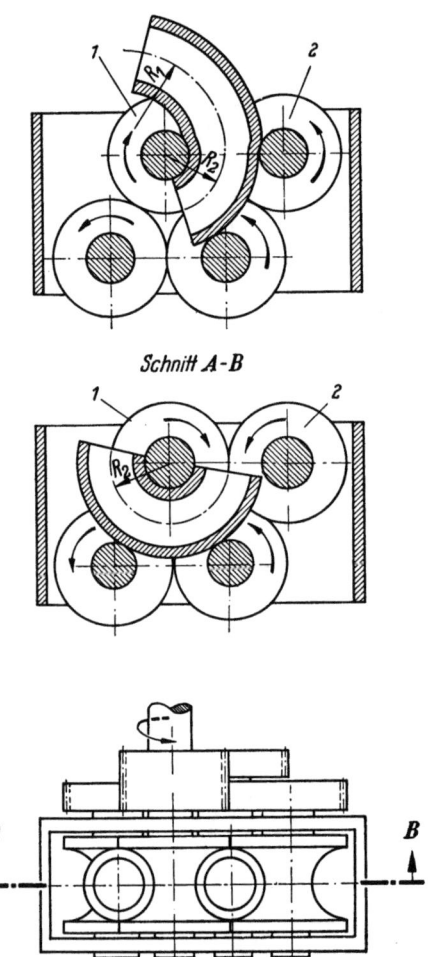

c) Rohrbogenherstellung mit dem Löffeldorn und Kalibrierkugel (Abb. 5/135). Nach diesem Verfahren können ebenfalls Rohrbogen nach DIN 2605, Form D 3 und D 5 hergestellt werden, jedoch in Abmessungen bis NW 250. Die Art der Herstellung entspricht dem Verfahren nach Feld *2214* der Systematik, wobei der (Löffel-)Dorn durch eine Gliederkette mit einer Kalibrierkugel verbunden ist. Um das Rohr (Fixlänge) spannen zu können, wird es an einer Seite muffenartig aufgeweitet. Im Anschluß an den eigentlichen Biegevorgang formt die Kalibrierkugel den Bogen beim Herausziehen nach.

d) Herstellung von Rohrbogen mit kleinen Biegehalbmessern aus vorgebogenem Rohr (Abb. 5/136). Biegehalbmesser R_1 von Rohrbögen, die z. B. nach dem unter b) beschriebenen Verfahren hergestellt wurden, können durch einen Walzprozeß noch weiter bis

Abb. 5/136. Herstellung von Rohrbögen (patentiert) (Fa. Mannesmann A.-G., Düsseldorf)

zu einem Wert R_2 gleich dem Rohraußendurchmesser herabgesetzt werden. Gemäß der deutschen Patentschrift 947 944 ist das Verfahren dadurch gekennzeichnet, daß vor dem Biegen der Außendurchmesser des Rohres verringert wird. Dies erfolgt beim Einführen des Rohres zwischen der als Reduzierwalze ausgebildeten Andrückwalze *2* im

6 Biegewerkzeuge und Sonderanwendungen

Zusammenwirken mit einer Formwalze *1*. Dabei vergrößert sich die Ausgangswanddicke etwas, die gleichmäßige Wanddickenverteilung über dem Umfang bleibt jedoch erhalten.

6 Biegewerkzeuge und Sonderanwendungen

Biegewerkzeuge sind Biegeformen, Anpreßschienen und Dorne. Beim Entwurf von Biegewerkzeugen kann man von den Kurvenblättern Abb. 3/69 und 3/70 ausgehen oder von Faustformeln, die in der folgenden Tabelle für verschiedene Querschnittsformen und Werkstoffe zusammengefaßt sind:

Form	Werkstoff	S_{min}	R_{min}	Bemerkungen	
	Stahl[1]	$\geqq \frac{1}{20} D$	$2 \times D$	Sonderwerkzg.: $\sim 1{,}5 \times D$	vgl. Kurvenblatt 3/69
		$\geqq \frac{1}{30} D$	$3 \times D$	Sonderwerkzg.: $\sim 2 \times D$	
		$\geqq \frac{1}{50} D$	$4{,}5 \times D$	Sonderwerkzg.: $\sim 2{,}5 \times D$	
	Cu, Ms, Alu[2]	$\geqq \frac{1}{30} D$	$1{,}5 \times D$	Sonderwerkzg.: $\sim 1 \times D$	vgl. Kurvenblatt 3/70
		$\geqq \frac{1}{50} D$	$3 \times D$	Sonderwerkzg.: $\sim 1 \times D$	
	Stahl Ms		scharfkantige Ecken $\sim 4 \times B$	abgerundete Ecken $\sim 3{,}5 \times D$	
	Stahl Ms		$3 \times D$		
			$2 \times D$		

[1] Dünnwandige Rohre aus rostfreiem Stahl mit Sonderwerkzeugen gebogen: siehe Abb. 6/137 auf S. 102.
[2] Vgl. Tabelle S. 102.

Für die verschiedenen Aluminiumsorten kann man die kleinsten Biegehalbmesser für Rohre und Profile noch weiter wie folgt spezifizieren:

Werkstoff	Zustand	Biegehalbmesser R_0/D_0	
		kalt (m. Dorn gefüllt)	warm (gefüllt)
Reinaluminium u. Aluman	weich	$2,3^1$	1,0
Peraluman 1 u. 3	weich	4,0	2,0
Peraluman 5	weich	5,0	3,0
Pantal }	hart vergütet	5,0	2,0
Anticorodal }	halbhart verg.	3,0	2,0
Avional Sp }	weich	$2,5^1$	2,0
Avional D u. M	vergütet	5,0	2,5

[1] Mit Spezialwerkzeugen ähnlich Abb. 6/146 sind kleinere Werte möglich.

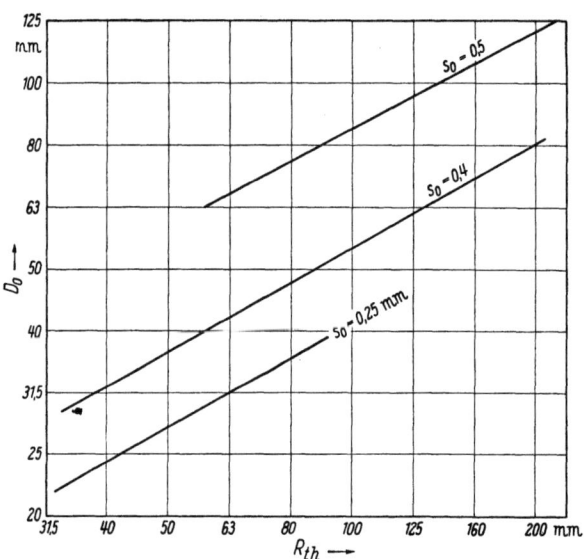

Abb. 6/137. Richtwerte für das Biegen dünnwandiger Rohre aus nichtrostendem Stahl nach Verfahren gemäß Feld *2214* mit Spezialwerkzeugen ähnlich Abb. 6/146

Aus der Vielzahl der Werkzeugformen sind in den Abb. 6/138 bis 6/157 sowohl Einzelteile, wie Dorne, Spannvorrichtungen usw., als auch vollständige Werkzeuge zusammengestellt, um einen gewissen Überblick über die Möglichkeiten zu vermitteln. Sie sind nach folgenden Gesichtspunkten geordnet:

Werkzeug-Einzelteile

Abb. 6/138, 139 verschiedene Dornformen (vgl. hierzu auch Abschn. 3.1 und Abb. 3/52),

Abb. 6/140–142 verschiedene Arten der Betätigung von Spannvorrichtung und Andrückschiene.

6 Biegewerkzeuge und Sonderanwendungen

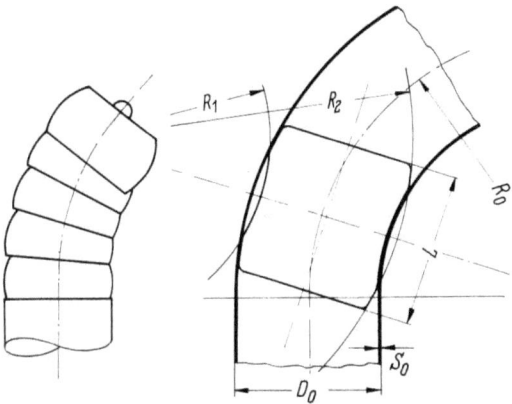

Abb. 6/138. Biegewerkzeuge: Dornformen – bewegliche Dorne (vgl. a. die Abb. 3/52 u. 6/146)

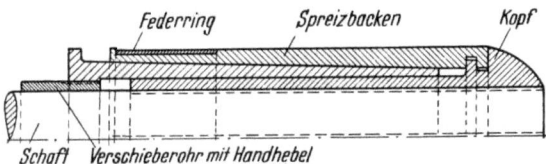

Abb. 6/139. Biegewerkzeuge: Dornformen – Spreizdorn (Fa. Bentelerwerke, Bielefeld)

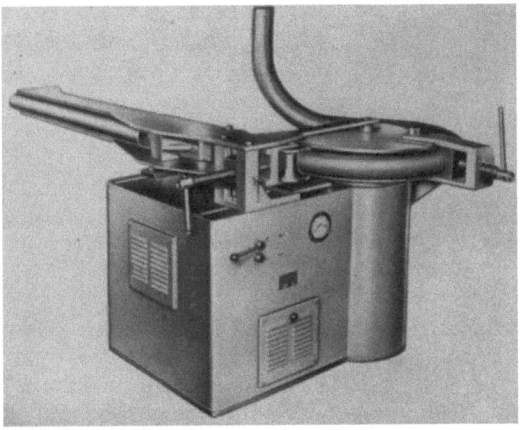

Abb. 6/140. Biegewerkzeuge; Spannen, Andrücken der Gleitschiene (hier Gleitrollen) und Dornbewegung von Hand. Hauptantrieb der Maschine Type „Uni-Gigant M" ist hydraulisch (Fa. Lang, Michelstadt)

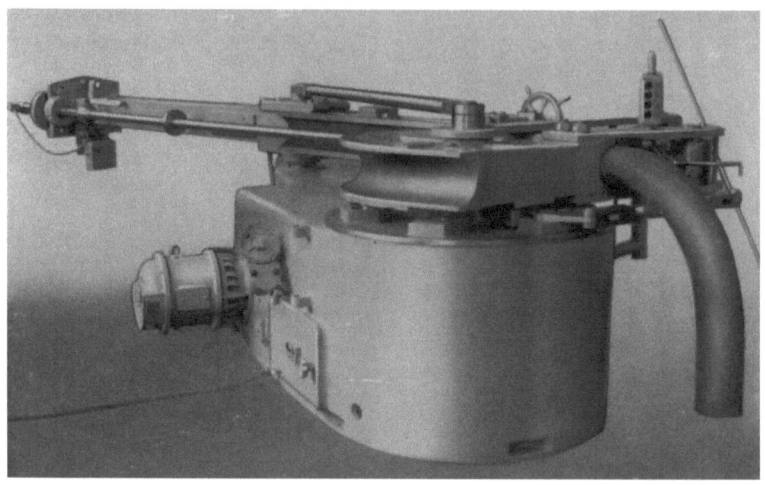

Abb. 6/141. Biegewerkzeuge; Spannen maschinell, vom mechanischen Hauptantrieb abgeleitet, Andrücken der Gleitschiene von Hand, Dornbewegung mit eigenem elektrischem Hilfsgetriebe (vgl. a. die Weiterentwicklung nach Abb. 5/112) (Fa. Hilgers, Rodenkirchen)

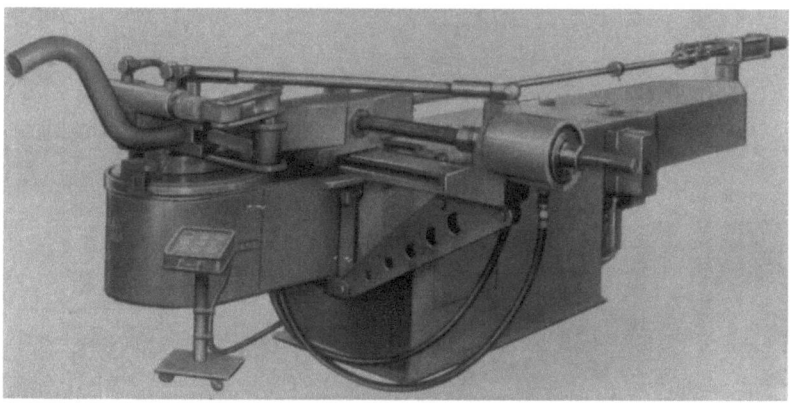

Abb. 6/142. Biegewerkzeuge; Spannen, Andrücken der Gleitschiene und Dornbewegung hydraulisch, abgeleitet vom hydraulischen Hauptantrieb, Maschine Type GDY 114 (Fa. Hilgers, Rodenkirchen)

Werkzeuge für Bogen in der Ebene bis 180°

Abb. 6/143   Handbiegeapparat,

Abb. 6/144   Ausbildung von Spannvorrichtung und Gleitschiene für vier verschiedene Rohrdurchmesser,

Abb. 6/145   Anordnung von Kurvenspannbacken, wenn zwischen den Bögen kein gerades Zwischenstück vorhanden ist,

6 Biegewerkzeuge und Sonderanwendungen

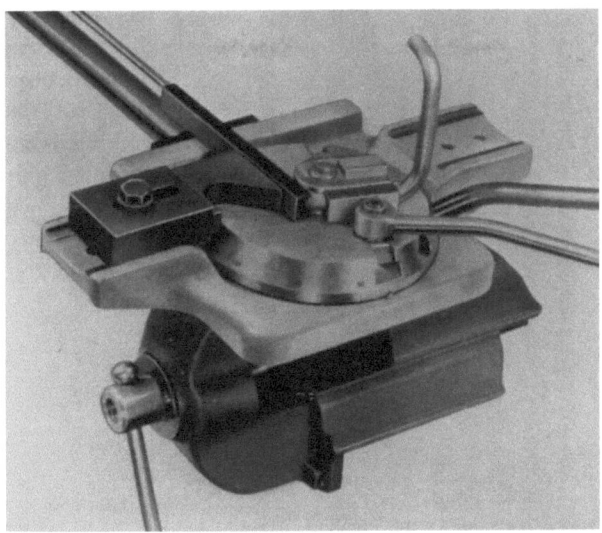

Abb. 6/143. Biegewerkzeuge; Hand-Rohrbiegeapparat Type RB 15 (Fa. Fischer, Schaffhausen)

Abb. 6/144. Dornbiegewerkzeuge; Spannung und Gleitschiene für vier verschiedene Rohraußendurchmesser (Fa. Wallace, Chicago)

106   6 Biegewerkzeuge und Sonderanwendungen

Abb. 6/146 Sonderausführung für das Biegen dünnwandiger Rohre mit Gliederdorn, einer Vorrichtung für das Glätten von Falten und sehr langen Spannbacken,

Abb. 6/145. Dornbiegewerkzeug mit Kurvenspannbacken (keine gerade Rohrlänge zwischen den Bögen) (Fa. Banning A.-G., Hamm)

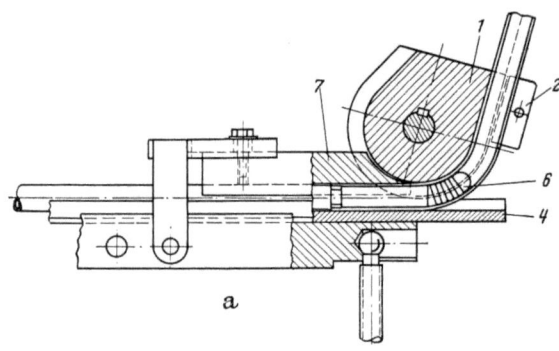

a

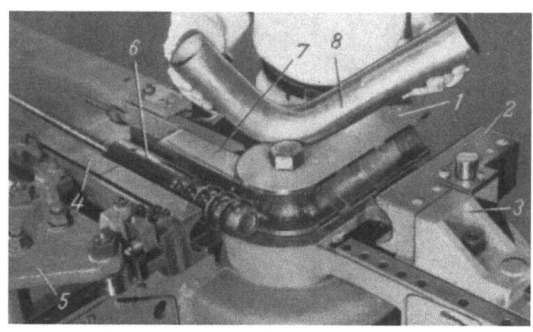

b

Abb. 6/146 a u. b. Biegewerkzeuge; Spezialausführung für das Biegen dünnwandiger Rohre mit kleinen Biegehalbmessern (a) Fa. Banning A.-G., Hamm; b) Fa. Pines, Aurora)

1 Biegeform; *2* Spannbacke; *3* Spannbackenhalter; *4* Gleitschiene; *5* Gleitschienenhalter; *6* Gliederdorn; *7* Falten-Glattvorrichtung; *8* Rohr 76 mm ä. $\emptyset \times 1{,}65$ mm Wanddicke; $R_0 = 1 \times D_0$, Werkstoff: rostfreier Stahl

Abb. 6/147   Werkzeug mit drei verschiedenen Biegehalbmessern,
Abb. 6/148   gleichzeitiges Biegen mehrerer Rohre.

6 Biegewerkzeuge und Sonderanwendungen

Abb. 6/147. Dornbiegewerkzeug mit drei verschiedenen Biegehalbmessern (Fa. Pines, Aurora)

Abb. 6/148. Biegewerkzeug zum gleichzeitigen Biegen von 4 Rohren (Fa. Pines, Aurora)

Abb. 6/149. Umkehrbogen (Fa. Hilgers, Rodenkirchen)

Abb. 6/150. Dornbiegewerkzeug zum Biegen dünnwandiger Rohre über 180°. Zweiteilige Biegeform, Gliederdorn, Faltenglätter, lange Spannbacken (Fa. Pines, Aurora)

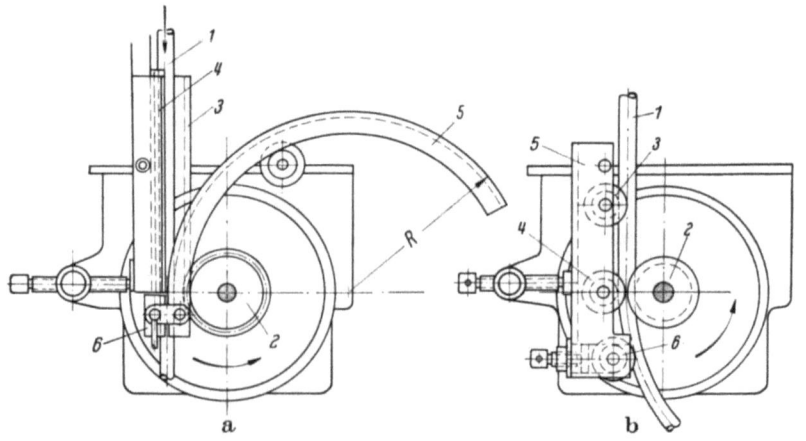

Abb. 6/151 a u. b. Werkzeuge für sehr große Biegehalbmesser (Fa. Banning A.-G., Hamm)
a) Biegen nach Schablone;

  1 Rohr;   4 Schiene;
  2 Treibrolle   5 Schablone (profiliert);
  3 Leitschienenhalter } verzahnt;   6 Spannen;

b) Biegen zwischen Rollen $\left(R_{th} \geqq 10 \cdot D_0,\ s_0 \geqq \frac{1}{20} D_0\right)$

  1 Rohr;   4 Druckrolle;
  2 Treibrolle, profiliert;   5 Rollenträger;
  3 Stützrolle;   6 Biegerolle.

6 Biegewerkzeuge und Sonderanwendungen 109

Werkzeuge für Bogen in der Ebene über 180° (zweiteilig)

Abb. 6/149 Umkehrbogen,

Abb. 6/150 Ausführung für dünnwandige Rohre mit Vorrichtung zum Glätten von Falten und Gliederdorn.

Besondere Ausführungsformen

Abb. 6/151 Herstellung sehr großer Biegehalbmesser
a) mit Schablone: Spannvorrichtung *6* verbindet Rohr mit profilierter Biegeform *5*, die zwischen Treibrolle *2* und Gleitschiene *3/4* hindurchgeführt wird,
b) mit 4-Rollen-System: Rollenpaar *2/4* drückt Rohr gegen Biegerolle *6*

Abb. 6/152 Flachspirale.

Abb. 6/152. Biegewerkzeuge – Spirale (Fa. Hilgers, Rodenkirchen)

a

110   6 Biegewerkzeuge und Sonderanwendungen

b

c

Abb. 6/153a–c. Werkzeuge zum Biegen von Profilen auf Rohrbiegemaschinen
(a) Fa. Banning A.-G., Hamm; b) Fa. Banning A.-G., Hamm; c) Fa. Pines, Aurora)

Abb. 6/153–154 Biegen von Profilen auf Rohrbiegemaschinen,
Abb. 6/155   Kurven in der Ebene.

Werkzeuge für räumliches Biegen

Abb. 6/156   Rohrschlange für Absorberkühlschränke mit stetiger Steigung auch in den Bögen – Vierkantschlange – Schraubenlinie.

6 Biegewerkzeuge und Sonderanwendungen 111

Herstellung der Rille in der Biegeform

Abb. 6/157   Möglichkeit der Herstellung auf der Drehbank mit Hilfe eines drehbaren Supportes (kleinere Biegeformen: Formfräser).

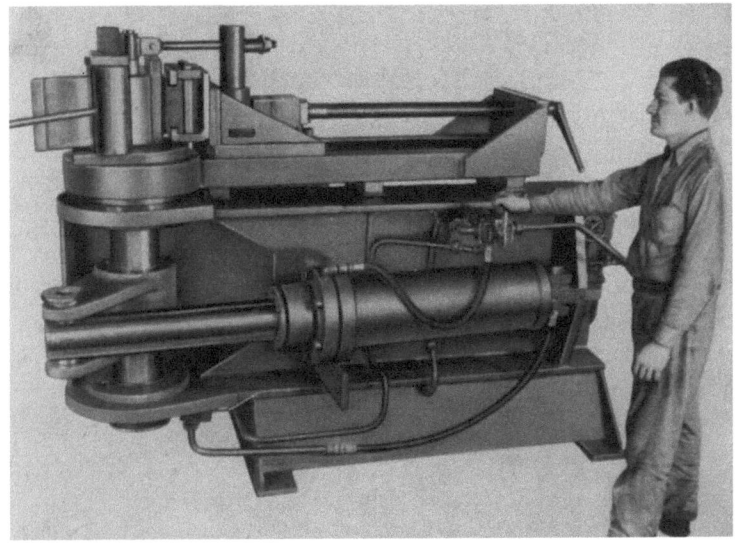

Abb. 6/154. Biegen von Profilen auf Rohrbiegemaschinen. Cu-Stromschiene etwa 55 × 400 mm Querschnitt (Fa. Wallace, Chicago)

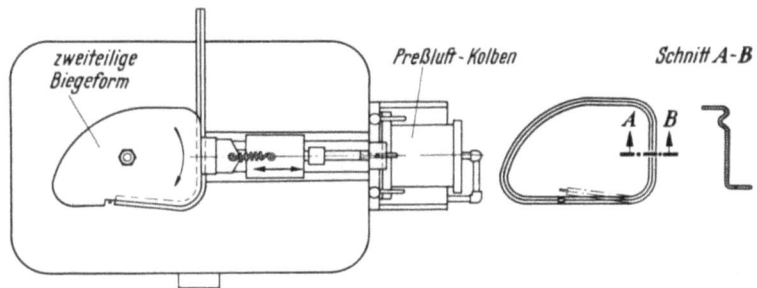

Abb. 6/155. Werkzeuge zum Biegen von Profilen zu beliebigen Kurven (Autoscheibenrahmen)

112 6 Biegewerkzeuge und Sonderanwendungen

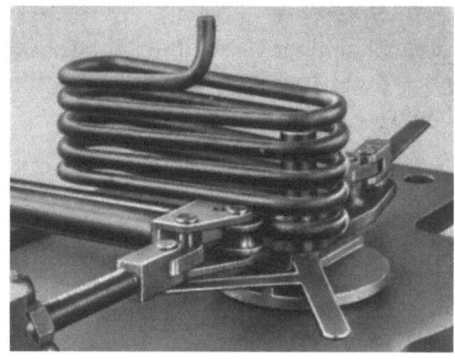

a

b

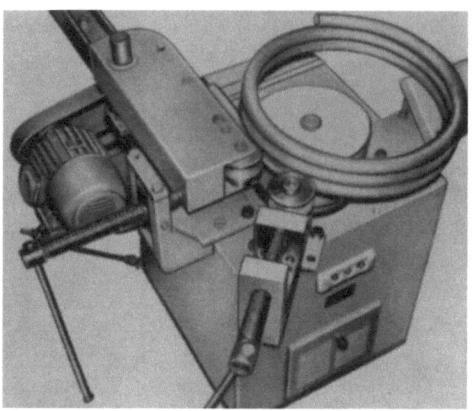

c

Abb. 6/156a–c. Werkzeuge für räumliches Biegen
a) Biegen von Schlangen für Absorberkühlschränke (Fa. Banning A.-G., Hamm); b) Biegen von Viereckschlangen (Fa. Banning A.-G., Hamm); c) Schraubenlinie (Fa. Lang, Michelstadt)

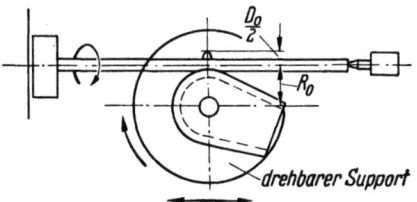

Abb. 6/157. Biegewerkzeuge: Herstellung der Rille auf einer Drehbank

Die Werkzeugkosten sind bei größeren Rohrabmessungen im Verhältnis zum Wert der Maschine recht erheblich. Sie betragen bei Werkzeugen an der oberen Leistungsgrenze größerer Maschinen etwa 15–30% des Wertes der Maschine (einschl. Dornhalter und Motor), je nach der Größe des Biegehalbmessers.

7 Aufbau von Rohrwerkstätten

7.1 Zweckmäßige Abmessungen und Produktionsmöglichkeiten

Im folgenden sollen nur solche Werkstätten in den Kreis der Betrachtungen einbezogen werden, die sich ausschließlich mit der Verarbeitung von Rohren in größerem Maßstabe beschäftigen, das sind also in erster Linie größere Kesselwerke und Rohrleitungsfirmen.

Die Entwicklung von Rohrwerkstätten wurde in den letzten zwanzig Jahren in den Industriestaaten von zwei Faktoren beherrscht: Facharbeitermangel und steigende Löhne. Allen Rohrwerkstätten gemeinsam ist daher das Bestreben, durch steigenden Einsatz von Maschinen, Apparaten und Vorrichtungen gute Erzeugnisse wirtschaftlich mit ungelernten bzw. angelernten Arbeitern herstellen zu können.

In diesem Zusammenhang ist die Frage nach den zweckmäßigen Abmessungen einer Rohrwerkstatt von Bedeutung. Bei einem Vergleich großer deutscher, englischer und amerikanischer Rohrwerkstätten untereinander kommt man zu dem Ergebnis, daß sich in der Praxis Abmessungen und Flächenverhältnisse als zweckmäßig herausgestellt haben, die der nachfolgenden Tabelle zu entnehmen sind und die bei Neuanlagen nach Möglichkeit verwirklicht werden sollten. Es ist schwer, allgemeingültige Richtwerte, z.B. für die Produktionsmöglichkeiten je Schicht und je Quadratmeter Arbeitsfläche, anzugeben, da die Erzeugnisse der einzelnen Firmen je nach ihren Konstruktionseigenheiten und gesetzlichen Vorschriften des jeweiligen Landes sehr unterschiedlich sein können. Für deutsche Verhältnisse beim Bau von Kesseln und Rohrleitungen beliebiger Größe und Druckstufen mögen die folgenden Zahlen einen ungefähren Anhalt geben:

7 Aufbau von Rohrwerkstätten

Zweckmäßige Abmessungen von Rohrwerkstätten und Anhaltswerte für Produktionszahlen bei einschichtigem Betrieb:

		Rohre < 51 äuß. ⌀ Schlangenbau	bis 102 äuß. ⌀ Kesselrohre	Rohrleitungen aller Art
Hallenbreite	m	25		
Hallenlänge[1]	m	120–150		
Kranbahnhöhe[2]	m	7,5		
Tragfähigkeit der Kräne	Mp	5[3]		
Zahl der Kräne		1 Kran je 50 m Hallenlänge		
Hallenbelastung	kp/m²	60[4]		
monatl. verarbeitete Menge je produktivem Arbeiter (44-Std.-Woche)	Mp/Monat	3,5–4	3,5–4	3–3,5
Verhältnis der Zahl der produktiven zu den unproduktiven Arbeitern		etwa 1 : 6		
Verhältnis von Versandlager zu Produktionsfläche		mindestens 0,4 : 1		
Verhältnis von Rohrlager zur Produktionsfläche		mindestens 1 : 1		

[1] Ohne Versandlager und Rohrlager (die größten Hallenabmessungen in Europa liegen bei etwa 30 m Breite und 210 m Länge mit drei 10 Mp Kränen und einer Reihe von Schwenkkränen über den Maschinen).
[2] Mittelwert. Für den Schlangenbau würden etwa 6 m genügen, für Kesselrohre und Rohrleitungen sind bisweilen 8–9 m wünschenswert.
[3] Wird eine Halle bzw. ein Teil einer Halle für Vormontagen von Rohrwänden, Feuerraumtrichtern, Zyklonen, Paketkesseln u. ä. Teilen eingerichtet, wie es im Kesselbau heute allgemein in steigendem Maße üblich ist, muß die Tragfähigkeit der Kräne in diesem Bereich auf etwa 7,5–10 Mp erhöht werden.
[4] Höhere Werte sind möglich (im Schlangenbau bis etwa 110 kp/m² bei einschichtigem Betrieb), jedoch werden dann Arbeitsablauf und Übersicht sehr erschwert.

7.2 Fertigung von Rohrschlangen und Kleinrohren

Die Fertigung von Rohrschlangen aller Art ist neben der Herstellung und Vormontage von Feuerraumwänden für Bensonanlagen (Abb. 7/158) das Hauptarbeitsgebiet in der Kleinrohrfertigung. Als Voraussetzung für eine wirtschaftliche Fertigung wird man die Biegehalbmesser normen und, wenn irgend möglich, nur einen einzigen Biegehalbmesser innerhalb einer Rohrschlange verwenden.

Zur Herstellung von Rohrschlangen sind verschiedene Verfahren möglich und üblich, deren Vor- und Nachteile gegeneinander abgewogen werden müssen. Im wesentlichen bieten sich folgende Möglichkeiten:

7.2 Fertigung von Rohrschlangen und Kleinrohren   115

Erstes Verfahren (Abb. 7/159). Man geht von der Herstellungslänge aus, d.h. von der Länge, wie sie vom Walzwerk angeliefert wird, und biegt das Rohr fortlaufend, bis die ganze Länge aufgebraucht ist. Dieser Teil der Gesamtschlange wird auf den Aufriß gelegt, ein weiterer Teil von

Abb. 7/158. Vormontage von Feuerraumwänden (Benson) (Fa. L. & C. Steinmüller G.m.b.H., Gummersbach)

der nächsten Rohrlänge gebogen und an den ersten angepaßt. Die Teile werden autogen aneinander geschweißt. Grundsätzlich ist aber auch die Abbrennschweißung möglich, wenn man den Innengrat mittels Sauerstoff ausbrennt und/oder die Reste entfernt, indem man einen Bolzen geeigneter Form, der auch die Rohrbögen passiert, hindurchschießt.

Hat die Schlange zwei verschiedene Biegehalbmesser, so verwendet man zum fortlaufenden Biegen Doppelwerkzeuge, d.h. Werkzeuge, bei denen zwei oder auch drei verschiedene Biegehalbmesser übereinander angeordnet sind (Abb. 6/147).

Vorteile: Wenig Platzbedarf beim Biegen, sehr geringer Verschnitt.
Nachteile: Mehr Anpaßarbeit.

Wenn die zunächst auf einer Kaltbiegemaschine hergestellten Bögen auf einen kleineren Biegehalbmesser gebracht werden sollen (z. B. warm, ohne Füllung, auf einer Presse, entspr. Feld *3211* der Verfahrensordnung), so würde jedes Teilstück für sich diesem Arbeitsgang unterworfen wer-

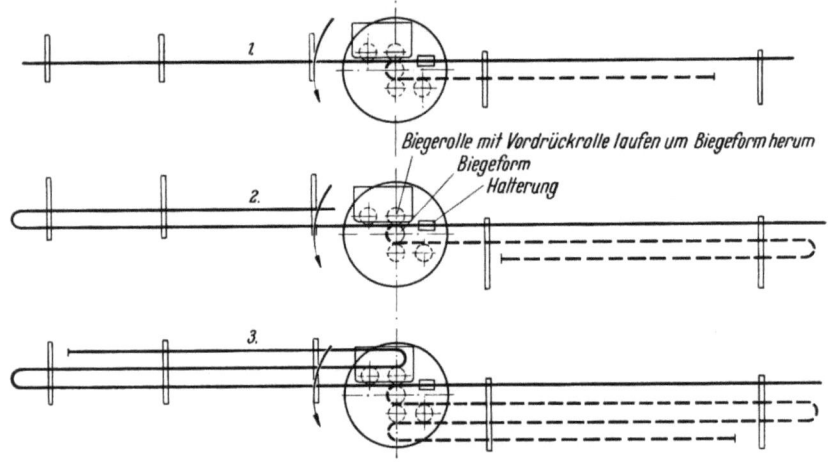

Abb. 7/159. Herstellung von Rohrschlangen; 1. Verfahren: von Herstellungslängen (6–12 m) ausgehend. Fortlaufendes Biegen und Verarbeiten der ganzen Rohrlänge

den, bevor es auf den Aufriß mit den anderen Teilstücken zusammengepaßt und zu einer vollständigen Schlange autogen oder maschinell zusammengeschweißt wird.

Zweites Verfahren (Abb. 7/160). Man geht von Fixlängen (3–5 m) aus. Die erste Rohrlänge wird zu einem „Spazierstock" gebogen, an den die nächste Rohrlänge maschinell angeschweißt wird. Der nächste Bogen wird hergestellt, und dann wiederholen sich die Arbeitsgänge wie eben beschrieben.

Vorteile: Wenig Platzbedarf beim Biegen. Die an Größe ständig wachsende Schlange bleibt auf ihrer Unterschützung ruhig liegen, während nur jeweils der freie gerade Schenkel, der zuletzt angeschweißt wurde, gebogen wird. Kein Verschnitt. Maschinell hergestellte Schweißnähte.

Nachteile: Sehr viele Schweißnähte. Zeitverluste durch das dauernde Hin- und Herwandern zwischen Biegemaschine und Schweißautomaten. Aufpreise für die Lieferung von Fixlängen.

Wenn die Biegehalbmesser wiederum nach Verfahren gemäß Feld *3211* der Verfahrensordnung verkleinert werden sollen, würden diese Arbeitsgänge (Anwärmen und Pressen) zwischen das Kaltbiegen und das Maschinenschweißen einzuschieben sein.

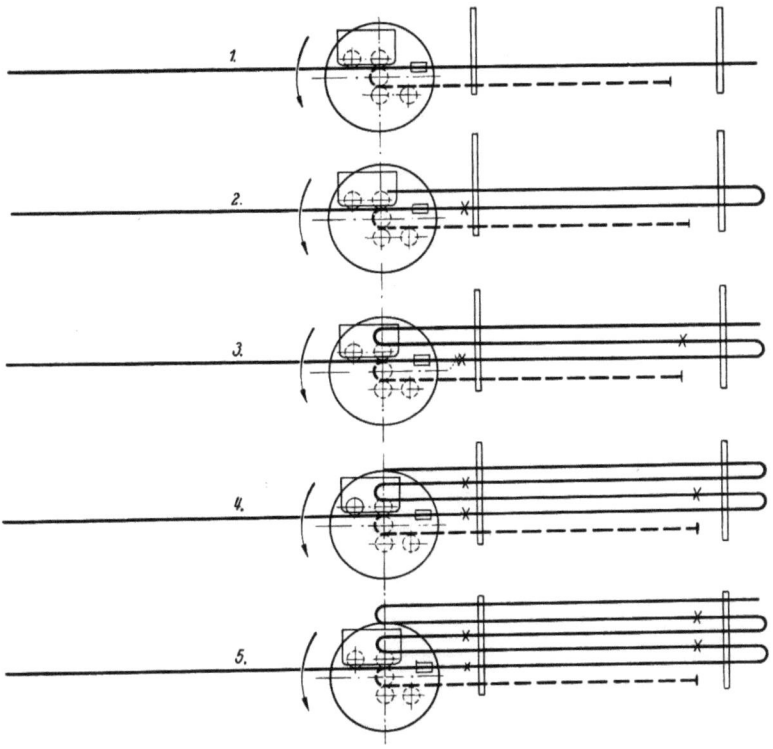

Abb. 7/160. Herstellung von Rohrschlangen; 2. Verfahren: von Fixlängen (3–5 m) ausgehend
x = Schweißnaht; Arbeitsfolge: Biegen (Spazierstock) – gerades Rohr anschweißen – Biegen usw.

Drittes Verfahren (Abb. 7/161). Die Herstellungslängen werden zunächst maschinell zu beliebigen Längen zusammengeschweißt. Die Länge dieses Rohrstranges richtet sich nach der Gesamtlänge der herzustellenden Schlange, nach den Transportverhältnissen (Schwenkkran über der Biegemaschine!) und den örtlichen Gegebenheiten. Der Rohrstrang wird dann fortlaufend gebogen.

Vorteile: Biegen ohne Unterbrechung. Kein Verschnitt. Wenig Schweißnähte gegenüber Verfahren II.

Nachteile: Die bereits gebogenen Teile der Schlange wandern beim Biegen ständig um die Biegemaschine herum.

118   7 Aufbau von Rohrwerkstätten

Eine Verkleinerung der Biegehalbmesser nach Feld *3211* der Verfahrensordnung würde in diesem Fall an der fertigen Schlange vorzunehmen sein.

Viertes Verfahren (Bild 7/162, Fertigungsstraße). Unter europäischen Verhältnissen ist der Aufbau einer Fertigungsstraße nur dann möglich,

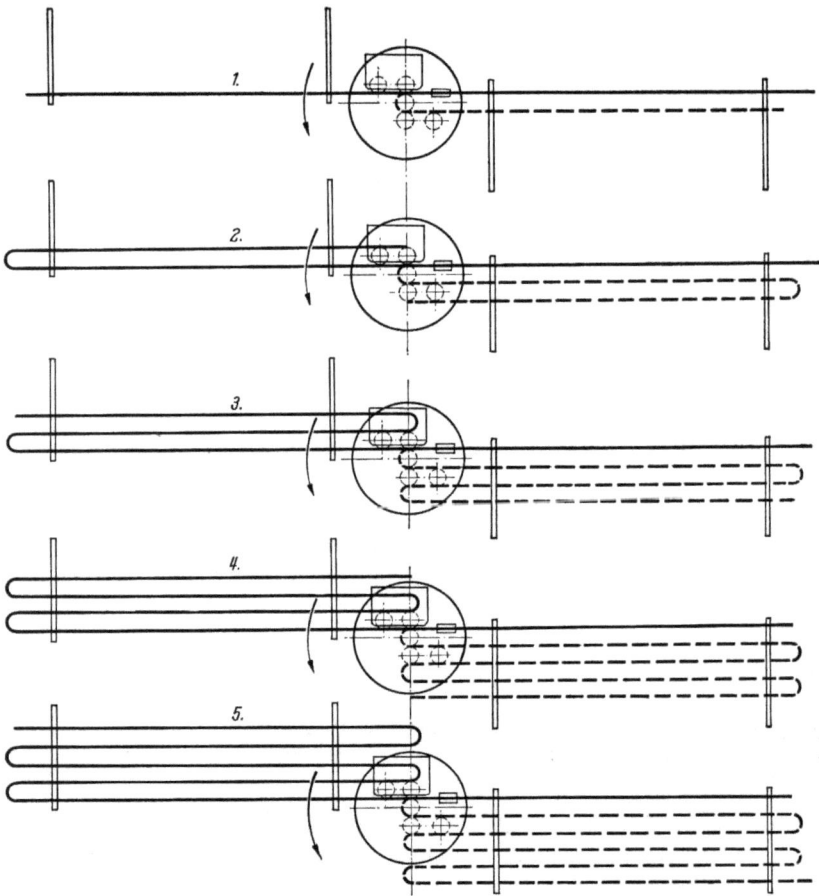

Abb. 7/161. Herstellung von Rohrschlangen; 3. Verfahren: fortlaufendes Biegen großer Rohrlängen. Mit Biegemaschine in Sonderausführungen kann auch fortlaufend rechts – links gebogen werden, so daß das Vorziehen und Umlegen des bereits gebogenen Flachschlangenteiles entfällt

wenn – wie z. B. in Amerika – durch weitgehende Typisierung und Normung von Bauelementen die Voraussetzung dazu geschaffen wird. Im folgenden sei ein Beispiel für die Möglichkeiten angeführt, die sich in einem solchen Falle ergeben:

7.2 Fertigung von Rohrschlangen und Kleinrohren

1. Arbeitsgang — Rohrbündel (Fixlängen, die die Bearbeitungszugaben berücksichtigen) auf Zulage legen.
2. Arbeitsgang — Ein Ende sandstrahlen und
3. Arbeitsgang — kalibrieren.
4. Arbeitsgang — Sammeln des Rohrbündels im Zwischenlager, um 180° drehen, anderes Rohrende sandstrahlen und kalibrieren (Wiederholung der Arbeitsgänge 2 und 3).
5. Arbeitsgang — Erhitzen, z. B. im Widerstandsofen.

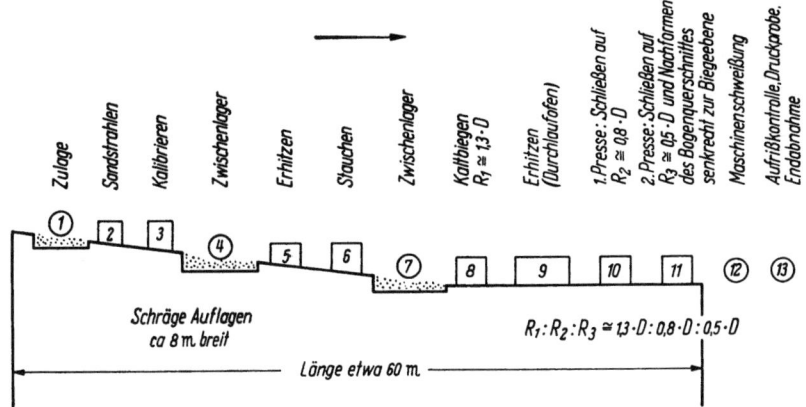

Abb. 7/162. Herstellung von Rohrschlangen; 4. Verfahren: Fertigungsstraße

6. Arbeitsgang — Stauchen auf eine größere Wanddicke im Bereich des späteren Bogens unter Beibehaltung des Rohrinnendurchmessers. (Die Arbeitsgänge 5 und 6 können gegebenenfalls fortfallen; dies hängt davon ab, ob und in welchem Maße das Kesselgesetz des betreffenden Landes eine Schwächung der Außenschicht des Bogens zuläßt.)
7. Arbeitsgang — Im Zwischenlager ablegen.
8. Arbeitsgang — Maschinell kaltbiegen mit $R_1 \cong 1{,}3 \times D$.
9. Arbeitsgang — Erhitzen des Bogens im Durchlaufofen.
10. Arbeitsgang — Pressen des Bogens auf $R_2 \cong 0{,}8 \times D$.
11. Arbeitsgang — in derselben Hitze auf $R_3 \cong 0{,}05 \times D$ pressen und Rohrquerschnitt senkrecht zur Biegeebene nachformen.
12. Arbeitsgang — Schlangenelemente auf Abbrennschweißmaschine zur Gesamtschlange zusammenfügen.
13. Arbeitsgang — Kontrolle auf dem Aufriß, Druckprobe und Endabnahme.

Fünftes Verfahren. Unter den gleichen Voraussetzungen wie beim vierten Verfahren ist auch der Einsatz einer Spezialmaschine (Abb. 7/163) möglich, die nach dem Verfahren gemäß Feld *2214* der Verfahrensordnung arbeitet. Vor dem Biegen wird die spätere Innenseite des Bogens

Abb. 7/163. Herstellung von Rohrschlangen; 5. Verfahren: induktive Erwärmung und Nachdrücken des Rohres während des Biegevorganges (Fa. Pines, Aurora)

(also nur eine Rohrhälfte) induktiv auf eine Temperatur zwischen etwa 920 °C und 1100 °C, je nach Werkstoff, gebracht. Während des Biegens wird das Rohr zusätzlich von hinten – in ähnlicher Weise wie bei Feld *3212* der Verfahrensordnung die Gleitschiene – gedrückt. Mit diesem Verfahren lassen sich $1 \times D_0$-Halbmesser erreichen, wobei die Wanddicke im Außenteil des Bogens praktisch gleich bleibt, an der Innenseite jedoch beträchtlich zunimmt.

7.3 Beispiel für die Einrichtung einer Halle zur Fertigung von Rohrschlangen und Kleinrohren

Zu einigen Punkten der in Abb. 7/164 dargestellten Möglichkeit werden folgende Erläuterungen gegeben:

Zu 1. Die Fertigungshallen sollten von solchen Teilen entlastet werden, an denen nur Arbeiten einfacher Art auszuführen sind (z. B. Abstechen, Schweißkanten od. ä.). Auch eine qualitative Prüfung der eingehenden legierten Rohre sollte vor der Einlagerung vorgenommen wer-

7.3 Einrichtung einer Halle zur Fertigung von Rohrschlangen und Kleinrohren 121

den. Das Lager ist mit einer möglichst überdachten Außenkranbahn (Verlängerung der Hallenkranbahn) versehen, auf die der 5-Mp-Kran Nr. 1 im Bedarfsfall herausfährt (Drehschürze am Kopf der Halle), z. B., um eingegangene Waggons zu entladen oder Rohrpakete in die Halle zu bringen.

Zu 2. Der Schweißautomat kann in einem Anbau außerhalb der Halle stehen. Die aus den Anlieferungslängen zusammengeschweißten Rohrstränge wachsen dann entlang der Hallenwand und werden dort abgelegt. Die Ablage ist gleichzeitig Zulage für die Biegemaschinen.

Zu 3. Es empfiehlt sich, wenigstens die Hälfte der aufgestellten Biegemaschinen mit eigenen Schwenkkränen zu versehen, um den Transport der aus langen Rohrsträngen fortlaufend gebogenen Schlangen zu erleichtern oder überhaupt erst zu ermöglichen. Von Bedeutung ist auch die Art der Aufstellung der Biegemaschinen (senkrecht oder schräg zur Hallenachse) sowie die Lage von Aufrißplatten, Hilfsmaschinen zum Sägen und Schweißkantenfräsen und der Ablageplätze zur Biegemaschine. Arbeits- und Zeitstudien – Abb. 7/165 zeigt das Ergebnis einer solchen Untersuchung – sind hier sehr zweckmäßig, um

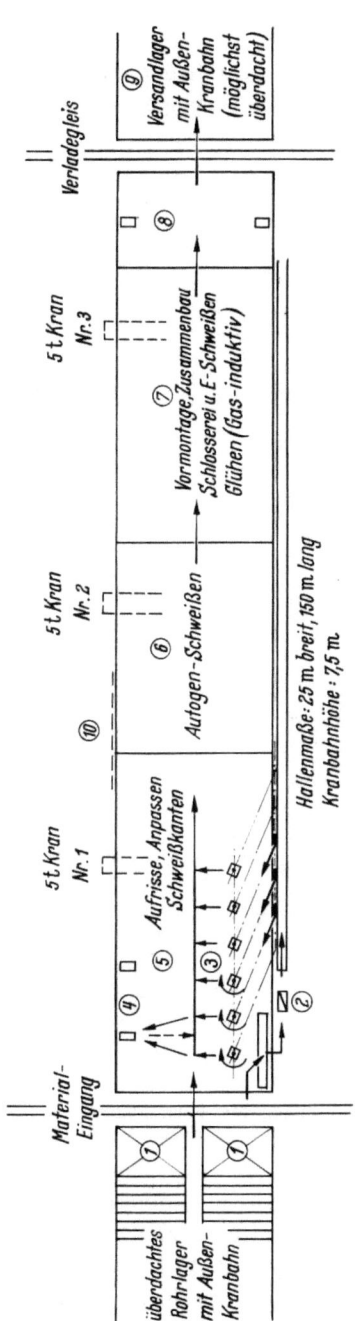

Abb. 7/164. Beispiel für eine Fertigungshalle (Schlangen und Kleinrohrfertigung)

1 Sägen, Abstechbänke, Prüfung legierter Stähle vor der Einlagerung; *2* elektrische Abbrennschweißmaschine und Glühen; *3* Biegemaschinen; *4* Pressen (2 Biegemaschinen arbeiten mit einer Presse zusammen); *5* Aufrißplatten, Anpassen, Schweißkanten; *6* Autogenschweißerei; *7* Zusammenbau, Schlosserei, Elektroschweißen, Vormontage; *8* 2 Preßanlagen für Druckprobe und Abnahme; *9* Versandlager mit Tauchbad (Rostschutz); *10* Ringleitungen für Acetylen, Sauerstoff, Gas (Glühen), Preßluft, Strom für die jeweilige Fertigungsart die beste Anordnung herauszufinden.

Zu 9. Das Versandlager hat ebenfalls eine möglichst überdachte Außenkranbahn in Verlängerung der Hallenbahn, auf der der 5/7,5-Mp-Kran Nr. 3 die anfallenden fertigen Schlangenpakete in das Versandlager fährt und die jeweiligen Verladearbeiten erledigt.

Es ist in der Rohrfertigung meist sehr schwierig – wenn nicht unmöglich –, Geh- und Transportwege ständig frei zu halten. Wenn man daher diese Wege nicht in Hallenmitte anordnen will, bleibt noch die Möglichkeit, einen „toten" Raum, z. B. zwischen zwei benachbarten Hallen, hierzu auszunutzen und die Krahnbahnstützen portalartig auszuführen, so daß dort ein Gehweg verlaufen kann.

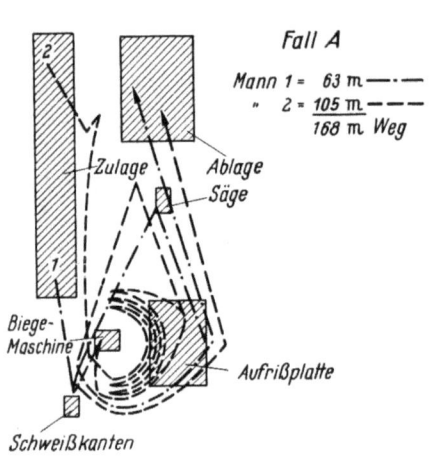
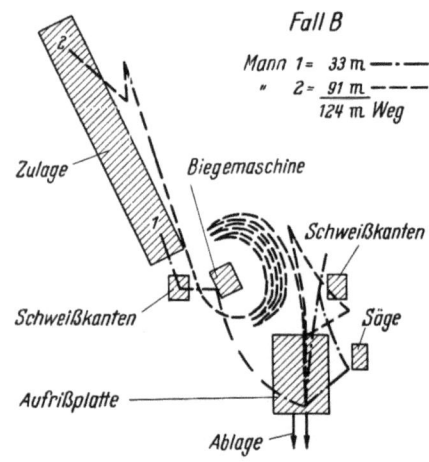

Abb. 7/165. Herstellung von Rohrschlangen. Arbeitswege bei verschiedener Maschinenanordnung

7.4 Fertigung von Kesselrohren

Für diese Fertigung wird wegen der Sperrigkeit der Teile besonders viel Grundfläche benötigt. Es muß auch genügend Raum für Vormontagen, z. B. von Feuerraumtrichtern, Brennkammerwänden od. ä. (Abb. 7/166) vorgesehen werden. Der Werkstattaufbau kann ähnlich erfolgen wie für den Schlangenbau. Hierzu kommt in dieser Werkstatt noch eine Maschine zum Bestiften von Brennkammerrohren. Die Biegemaschinen kann man wie in Abb. 7/164 anordnen oder auch an den Ecken einer gemeinsamen großen, in den Boden eingelassenen Aufrißplatte.

Abb. 7/166. Werkstatt-Vormontage eines Feuerraumtrichters (Fa. L. & C. Steinmüller G.m.b.H., Gummersbach)

7.5 Fertigung von Rohrleitungen

Nähere Unterlagen über diesen Zweig der Rohrverarbeitung findet man im einschlägigen Schrifttum (s. Verzeichnis). Wichtig ist hier vor allen Dingen die Stellung der Wärmeöfen und der Winden zur Biegeplatte. Abb. 7/167 zeigt eine der vielen Einrichtungsmöglichkeiten.

7.6 Fertigungskontrolle

Die Fertigungskontrolle ist auch bei der Rohrbearbeitung von großer Bedeutung. Grundsätzlich sollte sie unabhängig vom Betrieb unmittelbar der Geschäftsleitung unterstellt sein. Wichtig ist auch, daß sie nicht nur die Endprodukte prüft, sondern auch nach dem Prinzip der fortschreitenden Kontrolle unter Beibehaltung der Eigenverantwortlichkeit des Betriebes arbeitet, um Fehler rechtzeitig erkennen zu können und so Zeit und Geld zu sparen.

Die Überwachung beginnt mit der Anlieferung der Rohre vom Walzwerk. Trotz aller Maßnahmen zur Verhütung von Werkstoffverwechselungen, z.B. Farbkennzeichnungen, kommen diese immer wieder vor, so daß es dringend erforderlich ist, jedes einzelne legierte Rohr qualitativ, z.B. durch Spektralanalyse, auf seine Legierungsbestandteile zu prüfen, bevor es zur Verarbeitung freigegeben wird.

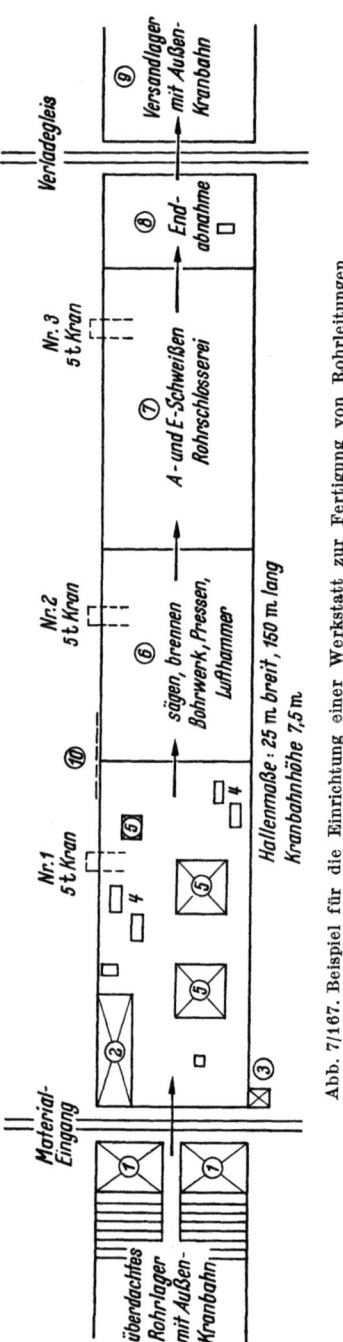

Abb. 7/167. Beispiel für die Einrichtung einer Werkstatt zur Fertigung von Rohrleitungen

1 Sägen, Schweißkanten, Prüfung angelieferter Rohre; *2* Zulage; *3* Sandaufzug, Klopfvorrichtungen; *4* Ofen (Gas – Koks); *5* Biegeplatten; *6* Sägen, Brennen, Schweißkanten, Bohrwerk, Pressen, Lufthämmer; *7* Schweißerei und Rohrschlosserei; *8* Endabnahme, Abpressen; *9* Versandlager; *10* Ringleitungen für Acetylen, Sauerstoff, Gas (Ofen, Glühen), Preßluft, Strom (auch für induktives Glühen); Beizbäder und großer Glühofen (etwa 3 × 3 m × 10 m mit 2 Herdwagen, gasbeheizt): separate Hallen

Rohre größerer Abmessungen sollten vor der Einlagerung, spätestens aber bei Arbeitsbeginn, nochmals in ihrer ganzen Länge innen und außen sorgfältig besichtigt werden. Oberflächenfehlern sollte man dabei sehr genau nachgehen.

In der Schlangenfertigung kann man zunächst eine vollständige Schlange als Bezugsformstück herstellen und abnehmen lassen und alle nachfolgenden Stücke auf dieses Bezugsstück legen: Sie werden dann im Rahmen der zulässigen Abweichungen aufeinander passen.

In der Kesselrohrfertigung und im Rohrleitungsbau müßte man jedes Rohr einzeln auf dem Aufriß abnehmen. Aus Gründen der Wirtschaftlichkeit wird sich die unabhängige Kontrollabteilung jedoch in der Regel auf Stichproben beschränken. Im Rohrleitungsbau muß die progressive Inspektion wertvolle Rohre ständig zwischen den Arbeitsgängen prüfen, so z. B. nach dem Biegen, vor dem Ausbrennen eines Stutzenanschlusses, die Art der Schweißkantenvorbereitung, während einer Glühbehandlung, Röntgenprüfung u.a.m. Die Endabnahme umfaßt außer der Prüfung auf Maßhaltigkeit noch die Druckprobe, Kugel-Durchlauf bei Rohrschlangen und Prüfung der Bögen hinsichtlich ihrer Unrundheit.

Das Laboratorium nimmt vor allem Einfluß auf die physikalischen Vorgänge bei der Festlegung der günstigsten Bearbeitungsbedingungen für hochlegierte Stähle und überwacht die einmal getroffenen Anweisungen (Glühprotokolle, Gefügeuntersuchung an beigelegten Probestücken, Prüfen der Schweißnähte durch Röntgen bzw. Isotopen, Festigkeitsuntersuchung, zu der auch eine ständige und regelmäßige Überwachung aller Schweißer gehört).

8 Zusammenfassung

Das Biegen von Rohren hat in den letzten Jahrzehnten eine Bedeutung erlangt, die der eines wichtigen Maschinenelementes gleichkommt. Der Vielzahl der dabei auftretenden Probleme stehen jedoch nur wenige Veröffentlichungen gegenüber, so daß sich die vorliegende Arbeit zunächst auf die Beantwortung einiger grundlegender Fragen konzentriert, die Wissenschaft und Praxis in gleichem Maße angehen. Diese Fragen sind im wesentlichen die folgenden:

1. Welche Vorgänge spielen sich beim Biegen von Rohren ab?
2. Wie ändert sich der Querschnitt des ungebogenen Rohres im Bogen hinsichtlich Wanddicke und Rundheit?
3. Welche Momente sind zum Biegen von Rohren erforderlich?

Zur Beantwortung dieser Fragen wurden unter den zahlreichen Umformmöglichkeiten zwei untersucht, die hauptsächlich angewandt werden, nämlich das Biegen mittels eines Dornes, der den Rohrbogenquerschnitt von innen gegen Einfallen abstützt, und das dornlose Biegeverfahren, bei dem eine von außen auf das Rohr wirkende Stützkraft dem Einfallen des Querschnittes entgegenwirkt.

Zunächst wurden die mannigfachen Umformmöglichkeiten erstmalig in einer Systematik zusammengefaßt. Dabei wurde ein äußeres Merkmal als Ordnungsgesichtspunkt gewählt, nämlich die Art des äußeren Kraftangriffes während des Biegevorganges. Als weitere Ordnungsgesichtspunkte wurden in geometrischer Hinsicht die Biegeform und in kinematischer Hinsicht ruhender oder wandernder Kraftangriff auf das Rohr eingeführt. An Hand dieser Zusammenstellung lassen sich Überlegungen anstellen, ob und wie weit man Erfahrungen mit einer der Biegearten sinngemäß auf eine andere übertragen kann.

Bei der Betrachtung der Vorgänge in der Rohrwand beim Biegen werden die Dehnungsverhältnisse in Längs-, Umfangs- und radialer Richtung analysiert. Dabei zeigte sich, daß die beim elastischen Biegen gemachten Voraussetzungen:

 keine Dehnung in Umfangsrichtung,
 eben bleibende Querschnitte,

beim bildsamen Biegen fallengelassen werden müssen. Ferner wurde die Lage der ungelängten Schicht im Rohrbogen bestimmt, die für das Festigkeitsverhalten von Bedeutung ist.

Auch für den Konstrukteur wurden aus der Untersuchung des Biegevorganges nützliche Angaben gewonnen.

Zwecks Anleitung für die Fertigung wurden außer Einzelkräften auch der Einfluß von Dornform, -stellung und -schmierung auf das erforderliche Biegemoment untersucht.

Zahlreiche Messungen an fünf mechanisch angetriebenen Rohrbiegemaschinen verschiedener Größe ergaben als überraschend einfaches Ergebnis, daß das zum Biegen eines Rohres erforderliche Moment am Biegetisch proportional dem Widerstandsmoment des Querschnittes des geraden Rohres ist und von der Biegegeschwindigkeit als Folge des Unterschiedes zwischen Reibung der Ruhe und Gleitreibung abhängt. Bei idealen Gleitbedingungen nähert sich die empirische Beziehung für das Dornbiegen einer unteren Grenze, die für das dornlose Biegen gilt, bei dem der Reibungseinfluß eine untergeordnete Rolle spielt.

Die Querschnittsformen sind von besonderem Einfluß auf das Festigkeitsverhalten eines Rohrbogens; als Kenngröße wird die bezogene Unrundheit, d.i. das Verhältnis des Durchmesserunterschiedes zum ursprünglichen Außendurchmesser, eingeführt. An Hand von Berstversuchen wird nachgewiesen, daß Rohrbogen, deren bezogene Unrundheit noch innerhalb der nach den VGB-Richtlinien (1959) zulässigen Grenzen liegt, schwächer sein können als das gerade Rohr. Sie reißen an der Stelle, an der der unrund gewordene Querschnitt seine größte Krümmung aufweist. Auf Grund dieser Erkenntnis wird vorgeschlagen, die Grenze für die zulässige bezogene Unrundheit herabzusetzen. Gleichzeitig werden Maßnahmen angegeben, wie die Querschnittsform beim dornlosen Biegen willkürlich beeinflußt werden kann, damit sie vom Kreisquerschnitt möglichst wenig abweicht.

Für die kleinsten möglichen Biegehalbmesser ist die Faltenbildung ein Kriterium. Daher wurde bei den beiden grundlegenden Biegeverfahren (Biegen mittels Stützdorn und dornloses Biegen) untersucht, welche kleinsten Biegehalbmesser sich ohne Faltenbildung erreichen lassen.

An diese Untersuchungen schließt sich ein praktischer Teil an. In dem Abschnitt über Rohrbiegemaschinen wird insbesondere der Stand der Entwicklung der Maschinengruppen für Einzel- und Massenfertigung nach dem Dornbiegeverfahren betrachtet. Eine Übersicht über Biegewerkzeuge ergänzt diesen Abschnitt. Die Arbeit schließt mit einem Kapitel über den Aufbau von Rohrwerkstätten.

Schrifttum

[1] LITZO, A.: Die Verarbeitung von Leitungsrohren. Werkstattstechnik 9 (1915) S. 1–6 u. S. 42–46.
[2] –: Herstellung von traps. Werkstattstechnik 14 (1920) S. 354/55.
[3] PILZECKER, F.: Rohrbiegung. Werkstattstechnik 14 (1920) S. 236–238.
[4] –: Rohrbiegemaschinen. Werkstattstechnik 15 (1921) S. 366–368.
[5] –: Das Biegen großer Rohre. Werkstattstechnik 17 (1923) S. 534–538.
[6] ZABEL, F.: Rohrbiegevorrichtung. Werkstattstechnik 20 (1926) S. 256/57.
[7] –: Neues Verfahren zum Rohrbiegen. Iron Age 121 (1928) S. 933/34.
[8] WIETZ, G.: Rohrbiegeverfahren. Masch.-Bau Betrieb 12 (1933) S. 349/50.
[9] GRUNOW, O.: Unwirtschaftliches und wirtschaftliches Rohrbiegen. Techn. Zbl. prakt. Metallbearb. Nr. 44 (1934) S. 460/61.
[10] –: Biegen von Rohren und Profilstahl. Iron Age 146 (1940) S. 52/53.
[11] –: Das Biegen dünner Rohre auf Pressen. Engineering 153 (1942) S. 306–310.
[12] KNIPP, G.: Halb- und vollselbsttätige Rohrbiegemaschinen. Masch.-Bau Betrieb 21 (1942) S. 457/58.
[13] FETTIN, F. W.: Bestimmung der Krümmungshalbmesser beim Biegen von Stahlrohren. Werkst. u. Betr. 80 (1947) S. 111/12.
[14] –: Neue Rohrbiegeeinrichtung. Werkstattstechnik 36 (1942) S. 428.
[15] FÖPPL, A. u. L.: Drang und Zwang, Bd. I, München 1920, § 10 u. 11.
[16] v. KARMAN: Über die Formänderung dünnwandiger Rohre. Z. VDI, 1911, S. 1889.
[17] v. MANN: Rohre. München 1928, S. 28 ff. über die Formänderung eines gekrümmten Rohres.
[18] HAKE, B.: Betriebserfahrungen. VGB-Mitt. 77 (1949) S. 36 ff.
[19] GÖNNER, O.: Arbeitsverfahren u. Betriebsmittel, München 1947, S. 29–55.
[20] –: Das Biegen handelsüblicher, dünnwandiger Leitungsrohre... Werkst. u. Betr., 1946.
[21] –: The coldbending of metals, Chicago: Wallace Supplies Manufacturing Co. 1945.
[22] DEWITT, E. H., u. H. S. NACHMAN: Cold bending of pipe and metal shapes Machinery, 8, 9 u. 11 (1946).
[23] MIELENTZ, W.: Kritische Kaltverformbarkeit bei Cr-Mo-Si legierten Ue-Rohrstählen. BWK 2 (1950) S. 9–13.
[24] –: Rißerscheinungen an gebogenen Rohren. BWK 4 (1952) S. 345–348.
[25] GRUNOW, O.: Praktisches Rohrbiegen, Berlin: Springer 1935.
[26] PESAK, F.: Bending thin wall tubing. Machinery, N.Y. 60 (1953) S. 147–151.
[27] VICTOR, H.: Neuzeitliche Rohrbiegemaschinen. Ind. Anz. 76 (1954) S. 163–165.
[28] SIEBEL, E.: Über die Bedeutung der Fließkurve bei der Kaltformgebung. VDI-Z. 98 (1956) S. 133/34.
[29] SCHMIDT, K.: Zur Spannungsberechnung unrunder Rohre unter Innendruck. VDI-Z. 98 (1956) S. 121–125.
[30] WAGNER, H.: Einfache Spannungsberechnung unrunder Rohre unter Innendruck. VDI-Z. 98 (1956) S. 1053/54.

[31] BANTLIN, A.: Versuche über Biegung gekrümmter Rohre. Z. VDI 54 (1910) S. 43.
[32] SIEBEL, E., u. S. SCHWAIGERER: Die Beanspruchung glatter Rohrbogen. VGB-Mitt. (1943) S. 41–45.
[33] HOVGARD: Berechnung der Spannungsverteilung an Rohrbogen. J. Math. Phys. (1929) S. 293.
[34] KIENZLE, O.: Untersuchungen über das Biegen. Mitt. Forsch.-Ges. Blechverarb. Nr. 6 (1952) S. 57–65.
[35] WELLINGER, K., u. E. KEIL: Versuche an Rohrbogen mit innerer und äußerer Wechsellast. Techn. Mitt. Wasserrohrkesselverbd. Febr. 1959.
[36] NADAI, A.: Der bildsame Zustand der Werkstoffe, Berlin 1927.
[37] ICKERT, J.: Untersuchung einer Biegemaschine, Diplomarbeit am Lehrstuhl für Umformtechnik, Prof. Dr.-Ing. KIENZLE, Techn. Hochschule Hannover.
[38] KIENZLE, O., u. TH. LEHMANN: Zum Problem der Biegefließkurven (nicht veröffentlicht).
[39] KIENZLE, O.: Biegen und Rückfedern. Mitt. Forsch-Ges. Blechverarb. Nr. 10 (1955) S. 117–126.
[40] WOLTER, K. H.: Freies Biegen von Blechen. VDI-Forsch.-Heft 435.
[41] SCHWARK, H. F.: Rückfederung an bildsam gebogenen Blechen. Diss. Hannover 1952.
[42] SACHS, G.: Sheet metal fabricating, New York 1951.
[43] SIEBEL, E.: Über bildsame Formgebung in Rechnung und Versuch. Stahl u. Eisen 51 (1931) S. 1462–1468.
[44] LEHMANN, TH.: Beanspruchung von Rohrbögen durch Innendruck. Konstruktion, 1959, H. 3, S. 111/12.
[45] LIPPMANN: Ebenes Hochkantbiegen eines schmalen Balkens unter Berücksichtigung der Verfestigung. Ing.-Arch. 27 (1959) S. 153–168.
[46] SIEBEL, E.: Über die Faltenbildung beim Tiefziehen. Mitt. Forsch.-Ges. Blechverarb. Nr. 4 (1953).
[47] GIENGER, K.: Herstellung, Eigenschaften und Betriebsverhalten kalt gebogener Rohre. VGB-Mitt. H. 52 (1958) S. 34–38.
[48] –: Unrundheit warm gebogener Rohre. Nicht veröffentlichte Mitteilung des Rohrleitungsverbandes vom November 1959.
[49] KIENZLE, O.: Die Grundpfeiler der Fertigungstechnik. Werkstattstechnik 46 (1956) S. 204–209.
[50] –: Entwicklungslinien bei Werkzeugmaschinen der Umformtechnik. Werkstattstechnik 49 (1959) S. 479–489.
[51] GRÜNER, P.: Über Rohrbiegeverfahren. Maschinenmarkt 30/31 (1960) S. 120 bis 129.
[52] KIENZLE, O.: Normungszahlen (Wissenschaftliche Normung Bd. 2), Berlin/Göttingen/Heidelberg: Springer 1950.
[53] BOROWSKI: Das Baukastensystem in der Technik (Wissenschaftliche Normung Bd. 5), Berlin/Göttingen/Heidelberg: Springer 1961.
[54] GROSS u. FORD: The flexibility of short-radius pipebends. Proc. of the Inst. of Mech. Eng. 1 (1952/53) S. 465.
[55] MARKL: Fatigue tests of piping components. Trans. ASME 74 (1952) S. 287.
[56] BESKIN, L.: Bending of thin curved tubes. Trans. ASME 67 (1945).
[57] WELLINGER, K., E. KEIL u. H. WERNER: Verhalten von Rohrbogen bei wechselnder Biegung und Innendruck. VGB-Mitt. H. 68 (1960) S. 348.
[58] PARDUE u. VIGNESS: Properties of thinwalled curved tubes of short radius. Trans. ASME 73 (1951) S. 77.
[59] WELLINGER u. KEIL: Versuche an Rohrbogen mit äußerer Wechsellast. Techn. Mitt. aus dem Dampfkessel-, Behälter- u. Rohrltgsbau, Aug. 1959.

[60] RODABAUGH u. GEORGE: Effect of internal pressure on flexibility and stress-intensification factors of curved pipe or welding elbows. Trans. ASME 79 (1957) S. 939.
[61] HAFERKAMP, H.: Rohrbogen. VGB-Mitt. H. 64 (1960) S. 45–48.
[62] REISSNER, E.: Über das finite Biegen von Rohren unter Innendruck. Trans. ASME 1959, S. 386–392.
[63] THIELSCH, H.: Kaltgebogene Rohrleitungen. Power, 1959, S. 70.
[64] ULLRICH, E.: Über die Festigkeit von Rohrbogen mit elliptischem Querschnitt bei Innendruck und zusätzlicher Federung. VGB-Mitt. H. 64 (1960) S. 48–58.
[65] GRÜNER, P.: Fehlerquellen bei der Herstellung der Hamburger Rohrbogen. Masch.-Markt Nr. 33 (1960) S. 11.
[66] MÖLLER, H.: Wanddicken-Änderung und Unrundheiten an Rohrbögen. Techn. Überwachung 2 (1961) Nr. 4, S. 121–127.

Sachverzeichnis

Abflachung 37
Anschweißbögen 97 ff.
Antriebe, hydraulische 86 ff., 103, 104
—, mechanische 81, 82, 83, 85, 86, 104
Arbeitsablauf, halbautomatisch 87
—, selbsttätig 93, 94
Auffederung unter Innendruck 38, 39
Auffederungswinkel 39
Automaten 89 ff.
Axialspannung 15

Begriffe am gebogenen Rohr 11
Berstversuche 37, 38
Bezogene Unrundheit 16, 17
Biegeform, exzentrische Lagerung 64, 66, 67
Biegegeschwindigkeit 73
—, Einfluß auf Gesamtmoment 59
Biegehalbmesser, Bereich 1
—, Einfluß auf Gesamtmoment 57
—, kleinste, beim Biegen
  mit Dorn 50 ff.
— — — dornlosen Biegen 67, 68
Biegelängskräfte 35
Biegemoment 56 ff., 69 ff.
Biegen, Definition 11
—, dornlos 3, 60 ff.
— —, Maschinen 96
— von Flachschlangen 1
— durch Moment und Querkraft 9
— — —, Querkraft und überlagerte Spannung 10
— von Profilen 110, 111
—, räumlich 2, 10, 112
— durch reines Moment 8
— mit Stützdorn 41 ff.
— — Stützdorn, Maschinen 79 ff.
Biegepressen 74, 75
—, mögliche Biegehalbmesser 74
Biegerollenverfahren 79
Biegeverfahren 4 ff.

Biegewerkzeuge 101 ff.
— zum Biegen mehrerer Rohre gleichzeitig 107
— für Bögen über 180° 107, 108
—, Faustformeln und Richtwerte für Entwurf 101, 102
— für große Halbmesser 108
—, Herstellung der Rille 113
— für Kurven 111
—, Mehrfach- 107
—, Spirale 109
Biegezeiten, Kaltbiegen 87, 88, 89
—, Warmbiegen 87, 88, 89
BONN-Verfahren 96, 97

Dehnung, Gesamt- 12
— in Längsrichtung 22, 23 ff.
—, natürliche 22
—, radiale 22, 23, 31
— in Umfangsrichtung 22, 23, 31
—, wirksame 12, 13
Dehnungsverteilung 23, 24, 25, 26
Dornformen 42, 103
Dornhalter-Lagerung 84
Dornschmierung 45
—, Einfluß der 46, 47
Dornstellung, Einfluß auf bezogene Unrundheit 46 ff., 48
— — — Dornzug 47
— — — Einspannkraft 48, 49, 50
— — — Gesamtmoment 46, 47
— im Rohr 45, 46
Dornzug 47
Drehtischlagerung 83
Durchflußquerschnitt, freier 37
Durchmesserreihe 80

Eigenschaftsschwankungen 16 ff.
Einflußgrößen, technische 20, 21
Einspannung, Kraft an der 48, 49
Ersatzquerschnitt 12, 13

Sachverzeichnis

Faltenbildung 36, 50, 51
—, Grenzen der 52, 53, 54
—, Vorrichtung zur Verhütung von 50, 51, 106, 108
Federzahl 39
Fehlergeometrie 72
Fließkurve 12
Funktionskurve 20
Funktionstoleranz 20

Gesamtdehnung 12
Gesamtmoment 46, 47, 56, 58, 59
—, Einflüsse auf 46, 57
Getriebeplan 81, 82
Gewichte von Biegemaschinen 83
Gewichtstoleranzen 18
Gliederdorn 36, 42, 52, 103, 106, 108
Grundpfeiler der Fertigungstechnik 71ff.

Halbautomatischer Arbeitsablauf 87
Hamburger Bogen 10, 97, 98, 99
— —, Dornform 98
Handbiegeapparat 105
Häufigkeitsverteilung 20
Hauptgeometrie 71
Hilfsvorrichtungen, Betätigung der 85ff.
Hochkantbiegen von Profilen 12

Kalibrierkugel 99, 100
Knotendorn 99, 100
Kontrolle 123
Kugeldorn 42
—, Stellung im Rohr 46
Kugel-Durchlaufversuch 21
Kupplungseinbau, Beispiel für 81
Kurvenspannbacken 106

Leistungsaufnahme von Biegemaschinen 56
Leistungsstufung 79, 80
Liniennetz 22
Löffeldorn 42
—, Stellung im Rohr 45

Maschinenkörper 84
Maßtoleranzen 18
Membrantheorie 15
Mengenleistung 72

Neutrale Faser 11

Ordnungsgesichtspunkte der Systematik der Biegeverfahren 4, 5
Oval, flach- 17, 35
—, hoch- 17, 35, 66

Profilierung von Biegeschienen 63, 65, 66

Querkraftfreies Biegen 8
Querschnittsformen 34ff., 64ff.

Radialspannung 15
Randdehnungsverteilung 23, 24, 25, 26
Restspannung 13, 14
Rohrdurchmesser, Einfluß auf das Gesamtmoment 57
Rohrquerschnitt, Vorgänge im 28, 29, 30
Rohrschlangen
—, für Absorberkühlschränke 112
—, Fertigungsstraße 119
—, Flach- 1, 115ff.
—, Flach-, verschiedene Verfahren zur Herstellung von 114ff.
—, Schraubenlinie 112
—, Viereck 112
Rohrwerkstätten für Kesselrohre 122
— — Kleinrohre usw. 120, 121, 122
— — Rohrleitungen 123, 124
—, zweckmäßige Abmessungen 113, 114
Rollenwerkzeuge 78, 100, 112
—, 4-Rollen-System 108
Rückfederung 13, 54, 55
Rückfederungsverhältnis 14, 55
— -winkel 14

Schaltung, elektrische 94
—, ölhydraulische 93
Scheitelwinkel 11
Schneckenantrieb 82, 83
—, Schmierung 83
Schrägstellen der Querschnitte 31, 32, 33
Schraubenlinie 2, 112
Spannungsfreie Schicht 12, 14
Spannungskorrosionsrisse 16
Spannungsverteilung, elastisch 12
—, plastisch 13
Spreizdorn 103

Stützkraft 13, 61, 62, 63, 70
—, Einfluß der Größe der Stützkraft auf die bezogene Unrundheit 64
Systematik der Biegeverfahren 4

Tangentialspannung 15
Toleranzen, Gewichts- 18
—, Maß- 18
—, Werkstoff- 17, 18
Typenordnung 80

Übergangszone 27
Umbauzeit bei Werkzeugwechsel 84, 85
Umformmöglichkeiten 8 ff.
Umkehrbogen 107
Ungelängte Schicht 11, 12, 14, 27
— —, Lage 27, 28, 29, 30
Unrundheit 16, 17
—, Grenzen 16, 39 ff.

Unrundheit, Kleinstwerte 18, 19
—, Streubereich 20

Verfahrensordnung 5, 6, 7
Verfestigung des Werkstoffes 40, 41
Versuchsplanung 43 ff., 62
Verwölbung des Querschnittes 32, 33, 34
VGB-Vorschriften 16
Viereckschlangen 112
Volumen-Konstanz 29
Vormontage 114, 115, 123

Wanddicke, Einfluß auf Gesamtmoment 57
Werkstoff, Einfluß auf Gesamtmoment 59, 60
— -toleranzen 17, 18
— -verfestigung 40, 41
Wirksame Dehnung 12
Wirkungsgrade von Biegemaschinen 5

If you have any concerns about our products,
you can contact us on
ProductSafety@springernature.com

In case Publisher is established outside the EU,
the EU authorized representative is:
**Springer Nature Customer Service Center GmbH
Europaplatz 3, 69115 Heidelberg, Germany**

Printed by Libri Plureos GmbH
in Hamburg, Germany